Julie Candy

I0496142

Easy Sudoku Large Print

200 Sudoku That the Whole Family Will Love

Keep Calm and Sudoku

Puzzle #1
EASY

3		1	6	7	8			
	2	8		5		4	7	1
				4		6	3	
1	7			8	5			
5					1	3	4	7
9	3					1		
		7			9		5	
2	5	9			6	8	1	
8		3					6	

Puzzle #2
EASY

				3	8			4
4		3		7		5	2	
			4				8	6
8	2				7			1
3	5			8			4	
1		7			2		9	
	1	4	7		3		8	2
	3	2						5
5				9		1		

Puzzle #3
EASY

6		8				9	7	
			3		8		2	6
			5				4	3
3	6	7		8		2		4
	8		4	6	3		9	
4	9	5			1		3	
		6	8		2			
8		2		4	7			
7		3	6					

Puzzle #4
EASY

6	1	9	5	3		4		8
	7		2					3
2				8		7	9	
			8		2	3		5
			3	1	6			
3	8	7	9		5			
	2						6	
9			4			5	8	7
7			6			2		4

Puzzle #5

EASY

	1		9		6			
6	9	8		4		3		
		5		1				8
4	2		6	5				
		1	4		3	7	5	
3				7	8	4		
5		4	2		1		9	7
	7	6				5		
	3			6			8	

Puzzle #6

EASY

	6	5						
1			4				9	
7	9		8	2	1			6
			2	3	9	8		5
9	3	8		1	4			
		1			6	4		
2		4			8			3
	7	9				6	5	
	5			7	3	1	2	

Puzzle #7

EASY

1	5		3		2		9	
			1	8			5	
				4	5	8		
7	9		2			6	1	
	8	3		9	1		4	
2			8					
8	6	1	9		3			2
				6			1	
	7				8	5		9

Puzzle #8

EASY

	8		1					
1		5		8		2		3
6		2	9		7	1		
		3	6	9				7
	4		3		1	8		9
2	6	9			5			
				1			4	
3	5			4		6	9	
4	7	8						5

Puzzle #9
EASY

6	3	1	8			2		
5				9		4	1	
4					1			5
			9		2			
		3			8	7		4
	5	6		4	7	9		
	6		1		9	8	4	
1	4						7	3
8	7		4	3			5	9

Puzzle #10
EASY

	7	6			1			
1	2			3	9			
	3		5					8
		4		2	3	7		5
	1				4	6	8	
2	5			6	8	9		3
			8				2	6
3		5						4
				9			7	1

Puzzle #11
EASY

4			8			7	2	
		6			1			
3	9	8	2					
9		1			3		8	
	4				6	9		3
8		3		9	4		6	7
		4		7		6	5	8
		2					3	9
6				4	5			

Puzzle #12

EASY

9	1	5			6			7
			1	4	5			2
					3	6	1	
	9		8	6	7	1		
4			3		2	7	5	
7	8		4		1		9	
			7			2	4	
1	7	4			9		6	3
	2	9						

Puzzle #13
EASY

							6	
1	5			9			3	7
			5		1	2	9	
5		1					8	
9	4		2	1				
	2	6	8			1		9
8				7	2	4		1
			1	5	8		2	3
		3	9		6	5		

Puzzle #14

EASY

	5	6		3	1		9	
9	1					6		3
8	7		2	6				
	2	5	8		4		1	9
4	3	7					6	
1	8			2				
					3		8	
3	9							7
	6	1		4		2		

Puzzle #15
EASY

1		6	3				2	9
			7			1		
				8		7	6	
3	1	8		2	9		4	
4	6			1	7		9	
		2			4	6		8
9	3		1		6	8	2	
			2			4		
		7		5				

Puzzle #16

EASY

2	7	3		1	4		6	
5		6		8	3			
9							5	1
8		9	2					7
3			4		8	5		6
	5		6			8		
1		2			7			5
6		5						
7	3	4	8		9			

Puzzle #17

EASY

		3	7		8	5		
9				3			1	8
					4	6		
		2		8			7	9
		9						6
6	3	5	9		7			
3		1		5	2			7
8	5		4			2	3	
2			6	1				5

Puzzle #18
EASY

	7							
8			3	1	2		5	
	3		7		8	6		1
						5		4
		7		2			9	
		6	4		9	8		2
	1	5		3		4	2	
	2		1	5		9		7
9	4	3						5

Puzzle #19
EASY

	6	5	4		8	7		2
	3		7					
9	2			6			8	4
	8		5			2		
			1	2	6			
5	4					3	6	
		8			1			7
4	1		9	8			2	
3	7				4		1	6

Puzzle #20

EASY

3				2		1	6	
			9		8		2	
		8	6		3	7		
			2			3	5	
6	2	5	7				1	
4		3	5	8				
			3			5	8	
8	3		1		5			9
		1		6			3	7

Puzzle #21

EASY

	3				4			7
	6		3			8		4
4			2				9	6
	5	4	1		7	9		3
7			4	8	2		1	5
6				3	5			
1	8	5						
3					9		7	1
	2						3	8

Puzzle #22

EASY

		7		3	5			
9		5		7			8	6
3		8	6		9		7	
			7			5		
4		6		1	8			
			4				9	
2	6		9			1		
1				2	4			7
	7				6		3	2

Julie Candy

Puzzle #23
EASY

6			2		4			
				1	5		9	
		9			7	1		
	6		7	4			1	
4			1	5	3			
	7			2			5	8
	5			6	2	3	8	9
9		3			1	6		
2	4	6		8			7	

Puzzle #24
EASY

5	4	9			2	1	3	
8			4				6	
			1	8				5
	2			5			1	
1			3	2			4	6
7	8			4			2	
9					7	6		
		8						2
6	7		8	1	9			4

Puzzle #25

EASY

4				7		8		
		7	8	9	2			
		9			4			7
		8	7	3		1		2
5				4	6			3
	3		9		8		5	6
7	1	2		8		3		
8	6	5			7		9	
9			6	5		2		

Puzzle #26

EASY

2				5		9	8	
	9						4	2
7	8			9	4	3	5	1
			7					5
	7	9		1			3	2
5	6		8		3		7	
		1	4		5		9	3
9	3	4					6	
	5				8	2		

Puzzle #27
EASY

5			3			7		
	7	9					3	
3	2				7	1	4	8
				9	1			
	5		6	2	4		8	7
9		4	5					
8		1		6				5
	9			3	8	6	7	1
	4		2					

Puzzle #28
EASY

4			9	1				
5			8				9	1
2	1		3		5		7	8
	5		2	6	8	7		9
				9	4		3	1
			5					6
	4	5						7
6		7		8	9	1		2
9		2			7			

Puzzle #29

EASY

	1	3		7	8			
		5		2	3		1	
2	4		1				9	3
	5		7	8		9	6	
4		1		5		3	7	8
	6	8	3		4	1	5	
					7			
			6	3				
8		6		4		7	2	

Puzzle #30

EASY

		3	5					
8		7		3		4		
	4		7	6			1	3
			6		2			
		6	8	9			7	2
	2		3	5		6	4	9
5		1		2		3	8	4
6		2	4			1		
3				8			6	

Puzzle #31
EASY

		9	6				8	
5	6		1	3	8	4		
		1	7	9	4			
2	5				1		3	
		4		2	5		1	9
1	9		4				5	
	2	6			7			
				4	6	1		
		5		8		6		

Puzzle #32

EASY

8		6	1		4			5
	9			6				8
3		5	8	2				
		7			2	8		4
2	8		5	3				
9	1				8			6
		2	7	4		5		
	3		6		1		4	2
4	7	8		5		9		

Puzzle #33

EASY

				4		5		
8		5	9			7		2
4	7				5	9	6	
5	2							
				6			9	
		9		1	8		2	5
1	5			9	3		8	
	8				4	6		9
7		9	8	6	1	2		

Puzzle #34
EASY

	4	5	6	1	8	9		
		1						8
2		9	3		4	1		
7			4			8		1
		3	2	5		7		6
1	2	4		6			5	
	1				6			3
4	6				3	5		7
				9	2			

Puzzle #35

EASY

		5	1	4				
3				9	6		2	
	6	2	3			9		7
8			2			5		
4			6	1		3	7	
	1						6	8
5	2			6	9	7		
9		7	8	2				
		1	5				8	9

Puzzle #36

EASY

2				1	5	6	9	
9	7			8		2	5	
					3	7		1
	3		1		9			8
			4				6	
	4			7		3	1	
3	6				7			
4	9	2				8	7	
		8	2		6		3	5

Puzzle #37
EASY

1	4		7			3	9	
	6		4		8			2
							1	
	9	8	6		7	2		1
	2		1				3	
7						9		5
4						6	8	3
	3	7			5	1		
2		1	3	6	4	7	5	

Puzzle #38

EASY

							7	2
				1	6			
			7		3	8	1	
2	4			9				
		9		6	1	2	3	
3	5			2	7		9	
9	7		6	5		1	2	
6	2		1	3			4	
	3	4	9		2			6

Puzzle #39

EASY

	3		2	8		9	6	
								2
	2		5	7		1	4	8
1	5		3	4				6
	4	6	7	2	5	3	9	1
9				6	8			
			6		7	8		3
7	9							
					1	2		

Puzzle #40

EASY

			7	4	6	9		8
		4	3		2	5		
8	3	7			9	2		
			6	5	8			
		8	1		7			
1		9			4	6		
	8		4				6	3
	2				1			
	5	6	9	7	3			

Puzzle #41

EASY

			2		1	8	3	
			7		5		1	9
	8	9	3	6		2	5	
	4	5			2	7	9	1
			1	5		4	2	
				4				3
	5				8		7	6
							4	2
	3	7	9		6	1	8	

Puzzle #42

EASY

	7		8		2			
3		2		7	5	4		
5			9			2	7	3
2	4	3	1			8		5
				5	3	7	9	
				8			2	
	8			2		9		7
1			7			5		
	2				9	1		6

Puzzle #43

EASY

	5		7	4				
9	4	2	6		3	7	8	
								9
	8	6	5		4		7	
3		7	1		8			4
4			3			8	9	2
	7				2		3	8
6	3	9						
	2		9		7		1	6

Puzzle #44

EASY

	1	7		4				2
4		2			5	3	7	
3			9					
2	5		8	6	3		9	
		1	7					3
9			2			6		
	3	8		7	6	2	1	9
					2	8		
			5					7

Puzzle #45

EASY

5			1		6			3
7	1	6	8			4	2	
				4		6		
6		3			4	1		
9	8	5	7			3		
		1		3	9		7	8
		2		6			1	
3		7		2		8		
		8	4	7		2	3	

Puzzle #46

EASY

6	1	2		8		7	3	
		8						
				5	2		8	1
4	5		6		3		9	
3	9		2					4
8		7		4	5			3
9				3		8	2	
	7				4			
1		3	7		6	4		9

Puzzle #47

EASY

7		2	9		6		3	5
6	3		7	1		4		
	1	4	8					
9			2		1			
1			6				7	
4		6		7			2	
				6	2			
		5	4		8	3	1	
	9	1	5			2	6	

Puzzle #48
EASY

				7		3		8
				5		9		4
	3		2		4	1		
	4	5		8	1			
8				3	2		1	
				6	7	4	8	2
	1	2	8		9	7	3	5
3				1				6
4	5		6					

Puzzle #49

EASY

4	9		1	8				7
2		7		3	9			
	6	8	2	7		4		3
							3	
				5	8	9		1
3		9		1	2	7		
6		4	8		3			9
9					7		6	
8	2	5				3		

Puzzle #50
EASY

			5		8		9	4
2					9	7		
	4	1		2		5	8	
4	8	6	1		5		2	7
1		3				4		9
	9		4				1	
		4			3	1	6	
5		2		6				3
6				7	1	8		

Puzzle #51

EASY

5		1		2	9	7		
	2	3		6		1		
			1	8	4			5
7				9	3			
	9		4		6			
	4	6	2				9	
2	3		6		7	9		
9	1	7		3		4	6	
8								1

Puzzle #52

EASY

	1		7		3	9		5
5	2	3		1				
					2	8	3	
	4			5				7
	5					2	8	9
		2	9	7	1			6
2	9	7	6			1		3
		8				6	7	2
	3		1		7			

Puzzle #53
EASY

5	1		2	3			8	9
4						5	7	
		3	7	8		2		
7			5		3		6	
			4	7	8			5
	2		6	1	9	3	4	
9								
		4	3			8		1
3			8	5	6			

Puzzle #54

EASY

	8				2		3	7
	9				7	6	4	5
5		7			3			1
			6	1	4	5		3
				5		7		
3	1	5		2	9		6	8
6	5	8				3		
		4				1	7	
							5	2

Puzzle #55
EASY

4		7				6	3	5
3	6		4			8		
			3	9				
			5				8	
	4			6	7			9
7	5		2					
1		6	9	8			7	3
8	3		7	5	2	9		1
		5		3	1			

Puzzle #56

EASY

		8				2		9
3	2		7	6				8
4	9			8	2			
	4	3	1		5			6
				9		1	4	7
	6					9	5	
					1		8	
8			2		7	5	6	1
	1		8			3	9	

Puzzle #57
EASY

		5	6				4	
	9		3		4	5	7	6
			7					1
	8	4		7		6		
		2		4		1	5	
	3		2				9	7
	4	6			7		1	9
8				9	6	3		
	5	9	8		2			4

Puzzle #58
EASY

	2	5			4	6		
		7		3	6	9		
	4			5	8		7	
7			6					4
		1	3	7		2		
8	5			9		7		
6	7	4	5				3	
				6		4		
		9		4		5	6	7

Puzzle #59

EASY

	2		6				4	1
4	9			1	5	3		
			8	2	4	7		
		3			7		8	
		6	2	9	1		5	
2					6		7	
	7	2			3		1	4
		9		5		6		
6		4						8

Puzzle #60

EASY

8	1			7		2		
		2	6					7
6							8	5
		6				3	4	5
4				2	6	9		
7				8		1		
	2	4			1		8	
5		8	9		3		2	
1	7	9				5	3	

Puzzle #61

EASY

		2		1	6			9
7	9			2		1		
	8		5			4		
	2				1			3
5	6				8	9		
8				4			1	
9	1		3	7	4	2		
6		3			2		9	5
2			6				4	1

Puzzle #62

EASY

7				5	1		8	
	6		4	9		1		
9	5		2		3	7		
		4				5		3
3	7			2	4	8		
6			3	7		2	9	
		8				3		9
4					2			
1	9		8		5	4		7

Puzzle #63
EASY

1		7	9				5	
				3				7
	9			7	6	1		8
4	8	1	7	9		6		5
7	5	3					2	
	6	9	3				1	4
6						4		3
			8	2	7	5		
5			6		3			

Puzzle #64

EASY

4					5	9	2	
		2					3	7
8		9		3				4
	9		4	7			6	2
	4			8			1	9
					6	4		
3	2	5	6		8		4	
		4	1	2	7	5	8	3
1				5				

Puzzle #65

EASY

6		4		5		3		
		2	6	1	8	5		
7								6
	2				6	8		
	7	3		2			6	
1		6	3			4	7	2
8	4			6		2	9	1
	6							
2		5		4	1			3

Puzzle #66
EASY

5	1				6			3
			5		4			1
	8	6				7		
	2	5						4
3		8			1	6	2	
4			3			5	9	8
	4			2		8		
				4	9	1	7	2
2		7			8		5	

Puzzle #67

EASY

	5	6			4			3
9				6	2	7	4	5
	2	4	9					
			2		1			
	7		3		5	9		6
8	1	3						
					8	5		1
5	8	7		1				
2		1		3		6	8	9

Puzzle #68

EASY

9	1			5		8		2
2	6		9			7		
		4		6	8		9	1
5	3				7			6
			3	4		5		7
6			8		5			
		6	4	8	2		7	5
4		1						
	7		6		1	2		9

Puzzle #69

EASY

	2	5		1			8	
						4		
			7		6			9
			4		8	5	7	
	4			9	3		6	
2		1		7	5	9	4	3
		8				6	3	
4			9	6		8	5	
7			8		2		9	

Puzzle #70
EASY

3	4	8	7		9		5	
		5			8		3	7
		2				1		
	2	1				4		
	5	7	6				9	
8	3		1	7		2	6	
9								4
	7			5	1			
	8			9	2	7	1	

Puzzle #71
EASY

8		7			4		3	
			2	7	3			9
2	4			8		6		1
1		5		2		9	8	4
9	6				1			7
	8	2	5					
3		8	4			7		
6			3		8		1	2
				9	6			

Puzzle #72

EASY

		1				4		2
	4	3	6	8	1			9
	9	7	3	4			6	1
	5				7	9		3
						5		4
	7	8			9			6
7	3							
8			2	5	3			7
	6		1	7	4		2	

Puzzle #73

EASY

	2	3	6	1				
7	1	6		5		8		3
		4	7	9				
	9	8			5		4	1
		7	8	2				9
1		5			7	6		
	7	9					2	
		1		8	9			7
	4		1				3	

Puzzle #74

EASY

			2	1	6	4		
6						7	2	3
4	8	2	7					5
9	7		1	2				6
					8	1	7	
		4			7			
			8	4		2		
			6			5		1
	2				3	9	4	8

Puzzle #75

EASY

	9	7	2					
			5	7	6		8	9
6	5	1		9				
	4	2	1	8				3
3	7			2	5			
	8	6		4		2		7
		3		5			6	
		5			3	4	2	8
9	1						7	5

Puzzle #76
EASY

2		9			8		5	1
			1		2	4		
	6			9				7
6		1	4				7	
5			6	2	3	9	1	4
	3							
	2	6		5		1	4	
8	1				9			2
9	7			1		5	3	

Puzzle #77
EASY

				9	5	7	6	1
		1	3	7		4	9	2
	2			1				8
		8		3		1		
4	7					8		
6		5			7	9	2	3
9			1		3			
8	4				2			
	3			4		6	7	

Puzzle #78
EASY

		5		4				
			5	6	2	9		
8	9	2				4		
	4		8	1	7			
	5	8				3		
2	1	6			4	8		
		7	2		6		5	
	3			8				7
5			7	3	1	6	4	8

Puzzle #79
EASY

	6			9	1		5	
	4				5		1	
	8		6		3	2	9	7
6	2					5		4
		1	5	6			2	
		9	2			1		3
8			9	1		7		5
			3					2
		2	4	8	7			

Puzzle #80
EASY

4	9		1	7	2			
2	1	3	5	6		9		
5		7	3					
		4					2	9
	7			2	8		3	
9					7		1	6
					3	1		2
	8	2				4	6	
	4			5			7	8

Puzzle #81

EASY

	2			9	5		1	
7	8		6	4				3
		9	7		8			
	6	8			4		5	
4	9			8	2			6
5				3				
	4	1	2		3		9	
	3			5	9		4	
		6				2		

Puzzle #82

EASY

	7		4	5	1		3	
1	3		8					4
	9		6		2	5		
5	8			2				6
	6					1	2	
4	2		3	6		7	9	8
		6		4			8	
		3	7					
			2		6		7	3

Puzzle #83
EASY

		2	6	4			5	7
		3	8	7	9		2	1
7	4				1		6	3
2							4	
		4	9	1		6		8
						1		
3				2				
		7	3	8	5	2		
4		8			7	5	3	

Puzzle #84
EASY

7	8	5		6			4	9
				8				6
6		4		5	3			1
	6	3			5			
9	8	4	1			5		
	3				7	1		
4			5	7		6		8
						4		
8			2	4	1	7	3	

Puzzle #85

EASY

3		9	8		5		7	6
					3		9	
	2	5		4				
	9				7		1	3
8		7	1			5		4
		4		6			2	
	7	3	5		1	6		
9				2		1		8
4	8		6					

Puzzle #86

EASY

9		7		1				
				6		7	3	8
8		6		5	7			2
	7	4			5		2	3
5					6		1	
	2		7				5	
	8	1			9			5
7			5		3	2	4	
3						6		

Puzzle #87

EASY

2		8	9		4		7	
	3		6		1	9		
	5		3	2		8		4
5	7	1	2					6
4	8					7		
3							1	2
	4			1	6	2		7
8			5				9	
		5		9	2	3		

Puzzle #88

EASY

			3	7				1
1				2	4			5
6		8			5			
8	3		7			5	2	9
5			4		2	7	1	
		1	9			4	6	
3						1		6
		6	5	1		9	7	
9	2					3	5	

Puzzle #89

EASY

3			2	8	5	4	6	
7		8		1	6			
5	6		7					
1		6						
			3	6	1	5		
		5					7	1
		9			3	8	5	
4	1		8			3		6
	5	3			2			9

Puzzle #90

EASY

	8							
5		9	8			6	4	2
		1		9	3	8	7	
	4	5	7			9	6	3
						5		4
	6		4			7	1	
			2	7				6
6	7		3					9
2		3	9	6	4		8	

Puzzle #91

EASY

1	4	2	8			9		5
8		5	1	6		2		
9						8	3	
		8	5				9	
	9	1		7		4	5	
3		6			2			7
	2	3	9		4	6	1	8
					3	7	2	
			7					

Puzzle #92

EASY

1				5			9	4
	8	7	9			1		
		9	1	2		6		
8	1		7	3			6	
		2		4	9			
7		4	6	1		3		
	7	8	2	9				6
	5				6		3	
4	2	6			5			8

Puzzle #93
EASY

	5			2				7
	1	3	9	4		6		
2	8	6			1			4
3		8				1	5	
6	9			5		4		3
	4	7		9			8	6
				6	9			
			2				3	1
	8		9	5		4	7	

Puzzle #94
EASY

	5		9		6	4	2	
	8				7			9
			2			5	6	7
		9	8	6	4		3	
8						6	4	
2	6		7	5	3	9	8	
1		5	3	9				6
7								
	3	8	6			2		

Puzzle #95

EASY

		9			5			3
6	1	8					5	
			4		6	8	9	2
9		3		4		5		
1		2		3			7	
	4		9	5			3	1
				7	2	9	6	
							4	
7	6			9		3	2	

Puzzle #96

EASY

5	7			6		2		8
		9	7	3	8		5	
4				1		9		7
3					1			
			6	2			9	1
		1	4			8		3
9	5			4	6			2
7		2			9	5	4	
	6		5		2			

Puzzle #97

EASY

					8	3		
7		2		5				
	1					7		4
			8	3			7	1
5			2	1		4	3	
			7	4	5	2		9
1	6	3	9			8	4	
	9					1	6	7
8		5	1		4			

Puzzle #98
EASY

			9		4		8	
5	2	8		7	1	3	4	
3	9			2		7		6
1					5			7
	5	3	7		6		2	8
				9	2		3	
	1	5			9	6	7	
			1					
7	4	6						1

Puzzle #99
EASY

6	1		3	5	7	2	9	4
					6			
2		9					5	
9	2		5		1	8	6	
				8	9	4		
	5	7			2		3	
	8	6	1		3	7		
		3	9				1	
1						3		

Julie Candy

Puzzle #100
EASY

			6	8		3		7
				5				2
	6	7	4			9	1	
7	8			3	4	6		
	5		7	9	2	1	8	
		4			5			
4				1			9	
3			5	7	6		4	
1		5		4		8	7	

Julie Candy

Puzzle #101
EASY

			2				5	4
		7			6			2
	4	9		1	5	3		
9			5		8	7		
8			3	2		6	9	5
6	5	3			1		2	
	1	5		8				3
3	9			4			8	
4			7		3		6	

Puzzle #102

EASY

6	8	4				5		
2		9	5	7			6	8
		3				9		
1		7	4				2	9
3				9	1		8	5
					5			
4	9		3		2		7	
		5			4			1
8	6		9	1				

Puzzle #103

EASY

	9				4		8	1
7		8	1		6		3	
	4	3	2		5			
4		6	9	5			7	
5	1	9					2	
8			6			9		5
3	7				8		9	
9					3	6	5	
			7		9			8

Puzzle #104

EASY

	3	5	1				7	
		8	5	7			3	9
				9		5		1
6			4	9				
		9			7	1		5
3				1		6		
7		2		5	1		8	3
			7	8	3	4		
8	1						5	

Puzzle #105

EASY

	5		3			6		
		7			6	4		
4	1			9		8	3	
	7	2	8					
		8		3	2		1	
5		3				9		2
8	2	1	6		5	3		7
7			9	2	8			4
	9			1			5	

Puzzle #106

EASY

	1							4
4			8		1	6	9	7
	9	7			6	2		
8	5		6	1	2	4		9
1	6	2					5	3
				8		1		
		1	3		7			5
	3			6		7		2
	4			2			8	1

Puzzle #107
EASY

8		7	4	3	9			
			5	1				
	4	5	8				9	
5	2		9					
3	9	6			2	5		8
			1		3	6	2	9
	1	3		9			8	
				8				
9	5	8	6			2		3

Puzzle #108

EASY

8		1	3	4			2	
	5		6			8		3
				9	5	1		
6				5	9			4
		3				7	5	
		5	2	3		6	8	
		9	5		8	4		6
5	7		1			2		8
3		6						

Puzzle #109

EASY

1				4	7	5		
7	4				8		6	
9	8		1			7		
4	5	1		2	3	6		8
		3	9		5		4	
	9				1	3		2
			8					
	2	4		1			7	3
3	1		6		4	9		

Puzzle #110

EASY

3	9		5	4	8	1	2	
6	2			1				7
8		5				9	4	3
1	4			3		6		
7		6				3	1	5
			1					
4				2	7			
	3		6			7	9	
9	7				3	2		8

Puzzle #111

EASY

8	1			9				3
2	6		7					8
5			8	4	1			
	7		9			4	1	
9	4		1	7			8	
	8	3		6	5	9		
4	2		6		9			7
3				8			2	
		6	3			8		

Puzzle #112

EASY

7	9			3			5	
					7			6
		8	2		9	1		3
6	1					8		
	4	9				6	3	7
	8	5	9	7		2	1	
	3	2	7				4	
			5					
1		4	8			7	6	

Puzzle #113

EASY

8			4		3		5	
	9			6	2		4	
		6	8	5		1	2	7
2		1				9	3	6
7	3	9	6					4
						2		
				9	8		1	
					6	7	9	2
	2	4		1		8		3

Puzzle #114

EASY

		3		8	5			
5	4					3		
	6							
	7					8		
	8	1		2		7	9	5
9			8		4		2	3
1				5	8	6		2
6		7	4			9		8
8	9	5	7		2		3	

Julie Candy

Puzzle #115
EASY

1	8	6		5				4
		3			4		8	
	4	2	8			3		
4	6			2		9		7
	3		4		7		5	
		5		3		6		2
3				9				
9	2		3		1	7		
	5	8				1		3

Puzzle #116

EASY

1	8					2		9
9		6					8	4
3		2		8		1		
4			8		2	6		3
	5				6		2	
2			4	7	9	8		1
5		4			3		6	
	3	8	7					
	9	1			8			

Puzzle #117
EASY

3	1					9		6
	6		7					
5		2	6			1	3	
	4	1					6	2
		5	4	6		3		7
	3		5			8	4	9
		6	3					1
	2					7		
	8	9		5			2	3

Puzzle #118
EASY

			2		6	8	1	7
		4			1	5	2	
	6	1		8			9	3
3			6	5	9		4	2
	5	7	8		2			
								5
1	7		3			9	6	
8				6	4		5	
				9		2		8

Puzzle #119

EASY

6			1		5		7	9
8	1					4	3	2
9	4		3					
3							1	
5		4			9			3
7			2				4	6
	6		7	3	2	1		8
2				6		3	9	
		3						7

Julie Candy

Puzzle #120
EASY

2		1		7	8	5	9	
				9	3			
7							6	8
	2			5		6	8	
6	9	8	7			3		
3			8				7	4
1		6				9	3	
8	7		9	2		1		
	5				6	8		

Puzzle #121

EASY

			7	3	2	8		
3	7		8	1	5			2
8		1	4				5	
4			9		3	1		
	8	5						
2						6		4
	3	8			7	5		
5	9		3	8		7		1
					6	9	3	

Puzzle #122

EASY

	7					8		
1		4			7	5	6	
			1			3	7	
5		7			6	4		3
2	3		9		4			
4		1	8	7	3	6		
6		9					8	
			5				4	6
8			7		1	9	3	

Julie Candy

Puzzle #123
EASY

	7	4	9	5				
3	5	8			4	6		
		9			7			4
					6	4		5
			4				3	
4		2	5			9		
2	6	7				8		1
	3	1	7		5	2		9
		5		2	1			

Puzzle #124

EASY

2			3		7		6	
7					6		5	
	5			2		7	1	3
	1	8	6		5			
5				8	2			1
	2	7				4	8	5
4					3		7	
	7		4		1		9	2
			2	7			4	

Puzzle #125
EASY

	3				9	4	2	
		7	6	4			5	
5	4		3	7				8
3		5	4			6		
	2				5	8	7	
		4	2				3	
7		3		9	4	2	1	
8		2						5
	9		5		6			

Puzzle #126
EASY

	3	7						6
1			3	7	2	9	5	8
	8		1		6	7		
7		8	6	5		3		
		9	2					
3	4		9		7	1		
8		1			3	2		7
	2				9			
5				2	8			

Puzzle #127
EASY

		3	5				1	2
2	8		3	9				
				8	1		9	3
	3							
		6			4	3	7	
1			7		3	6		8
	1		6	5	2		8	9
5		2		7				
4				9		5		

Puzzle #128

EASY

	5	1	6	7		8	4	
			5	3				7
3					1	9	6	5
9		8		4				
7		5			2	4		
		3		5			7	
5				1				6
			8	2	5		1	4
	4		7		6	5	3	

Puzzle #129
EASY

3		4	6		2			
9	7			4	5	3	2	
	2						8	
	3		9		6			1
	8		5	3			6	7
7	6	5	8	2				
	9						1	4
							3	8
		7	4	6		5		

Puzzle #130

EASY

8	4	3			7	1		6
	7		6	1			4	
6				4	3	7	5	
		7		6				
	3	6	1		9	2		
		5		3		4		1
3		1	4	8		9	7	
9						8		5
7			9				3	

Puzzle #131

EASY

			3	9		5	2	
	5					1		7
		2		7	6	4		
	2				4			
4	9	6			3	8		
		3	7		9			
			9	4		7		3
	7		1		8	6		2
	1		6		7		4	8

Puzzle #132
EASY

6		5	9	8		3	1	
	7			5	1			2
				7		9	6	
3				1	5		7	6
			7			1		
					8	2	9	
		2	5			6		
7				9				8
4	5	9			6	7		1

Puzzle #133
EASY

9			2	5		3		8
	3		8		6		2	9
		4			9			
		2				4		
8	7	6		1		9	3	2
3		9	7			8		5
	9	3	4	2	8		7	
	1			7				
7				9				

Puzzle #134
EASY

4	8	5			6	9		
1	6	7		9	4		3	2
		2	7		5			8
			5					
5			6	8				
9	3		4			6		7
	5		1		2			
6	2			4	8	7		
	1				7		9	

Puzzle #135
EASY

	2		6	3			8	7
	4		2		8			
6	3	8					5	9
8		4			9	3	6	2
	5	7	3					
			4		1	7		5
	2			6				
	1				3	5	7	6
	8				7		2	1

Julie Candy

Puzzle #136
EASY

		7		6	2		5	1
6	3			1			8	
			9	4	8			3
2		3			4		1	
	6		5		3	2		8
	4		6				9	
7	5				6			9
1	2			3		5	7	
			1	5		8		

Puzzle #137
EASY

9		8	5	6			2	4
				8				
1		7	3	9				5
5			4	2	9		7	
3	1						8	9
		2		1			4	6
					2			3
	7	9			6	4	5	
	6	3		5				

Puzzle #138
EASY

8		6	3		9	4		
	4			7	2		5	
	5	7			8		2	
2	6			4			9	
3		9				1	6	4
							8	
			2		4		1	
6	9						4	7
	8		1	6	7			5

Puzzle #139

EASY

	3	2	4	5		7		
	8	5						
	6		8		3	5		2
		6		1	4	8		5
8					5	2	4	6
2	5				7		9	
					1		8	3
5			7				2	9
	1				8			7

Puzzle #140

EASY

1	4		3				6	
3		9	6		8			
	2				1	8		9
4	1	6			7		8	
			2	5	6	3	4	
	5		1	8				6
		1		7		9		
7						1	2	
	3	2			9		7	4

Puzzle #141
EASY

			9				1	
	3						5	7
2			5		1		8	3
8	1		7		9	3	4	
	5		6				9	1
7	6			1		8	2	5
9	2			7	4			
			8	9		1		
5			1	2	6			

Puzzle #142

EASY

	1	3		2			5	9
2	7					3		
6	5	8		3			7	
8	9			5	3	4		7
		1	8	7			6	
	2			9	6	5	8	1
		4		8		6		
9			3					
1		5		6				

Puzzle #143

EASY

9	8				1	3		5
	2	7		3	5			1
1	5	3				2		
4				1	2	5	9	
		5	7					
					5		6	
				9	7	1		2
	7	2					4	8
8	1					7	3	6

Puzzle #144
EASY

			1		9	6		8
		6	2			5	3	
8								2
1	9		4					
6	8			3	1			9
		4			2			6
	7	6	2	8		3		
3	1	5	9	6	7	8	2	4
4	2				3			

Puzzle #145

EASY

	4			7		3	5	
7				2	5	6		
			8		3	9		
8	9	7					1	6
4		2			1			
	5	6	2		9			
3	7			9				4
			4		8			3
			5	3	7	1	6	

Puzzle #146
EASY

			4	7		6		3
	9		6		5	2		
		6	1	2			9	
8			3			1		9
1				8	2		4	7
		9						
	2	1		6	3	4	7	8
5	3	7			1			6
6			2			3		1

Puzzle #147
EASY

6		5	9		8			3
9	1	8		4	7			
				5				
7	8	1	4		3	5		
		9		7		3		
		4					6	
	9			2	6	7		4
8		6			1		2	
5			8			6		1

Puzzle #148

EASY

		7		2			6	
4	9			1		2		
3		5	8		9		7	4
1			7		6	9	4	
	4		9			8	1	
		9				6	3	
2	3					5		1
9				3		4		
			4				2	

Puzzle #149

EASY

	7	8			9	2		
	2		3		7		1	
			2		8	5		9
					4	9		
2	8		1	3				
			7	9	2		8	
		4	6		3	1	5	
7	1				5	8		
3	5			4			9	7

Puzzle #150

EASY

1		6	3		2		8	
3						9	1	
				7	4		5	
	6	3	8		5	1		
	2	8	9	4	1		6	5
9			6	3				
8		4				5		
				5				
5		1		8	6	2	7	

Puzzle #151

EASY

1	6		2	9	5	7		
5		2	3	4	1	8		
		4				1		2
		1	5			9		
			1	8			3	4
8		3	4	1			9	
					9		2	
9	5			3		4	8	

Puzzle #152

EASY

9				4				1
2		6	1		5			
	5	7	3	8		9	4	6
		1		7	9	5		
	9		4			3		2
6		3	9			4	8	
5			8		4	6		
8	2		6	5	3		9	7

Puzzle #153
EASY

	5			6	9			4
	6					7		
7			1	5		8		3
	3	1		2		6	5	
2	7	4		1	6			
	8	6		3				2
		8			5		4	
	1		2		8	5		6
	2		3	4		9	7	

Puzzle #154

EASY

	6	9		1	7	5	2	3
		1	9				4	
8			3					7
	8	5				6		
2				7			5	8
	1		5				9	
1			4	9		3		
9				2		1	8	
	4	7	1	3			6	

Puzzle #155

EASY

9	3			1			2	
		4	2	7	5			
2			3	9		1		8
6		9	7		3			
8				4			5	
7	5			6	8			9
		1		8		2	9	
	5		8		2		7	6
		7	6					

Puzzle #156

EASY

2	9		7	6		8		
8				1			9	4
3	4		5	9			2	
1	5		3					
9			8			4	5	
6				5	2			1
		8		7				
7	3		6		5	1	4	2
	1					7		

Puzzle #157

EASY

		4	3	8		2	1	7
	3	1			9	6		4
				4				5
	4	3	6		7	1		
	2	6		8				
		7			3	8	6	2
3			5		6		4	
4			7				2	
	6					3	9	

Puzzle #158

EASY

	1		2			8		
6		4	7		9	5		3
	9			5	3		6	4
4	3	6			8			
8					7		3	6
		2			1		5	
5			3				7	1
1		8						
7	2				5	6		

Puzzle #159
EASY

9		4	5	2			6	
	2			1				
		1			7	4	5	
3	6	7	1			2		
	4	8			6			
		2	4	3	8	5		
2	8	9	6		1			
7	5						4	
4		3			9			

Puzzle #160

EASY

	5					1	2	
1		8						
7	3	2			1			8
2		6	1					
	1		6		4		7	2
	8			2	9			3
	6	3	2					1
9			3		7	8		5
	7	1		4		2	3	9

Puzzle #161

EASY

1		5	7			6	3	
			2	1	9			
2		4				8	1	9
	3		4				8	1
		9		3			6	
	6			5	1			
7	2			4				
6	5		1	9		3	4	7
		3			8		2	

Puzzle #162

EASY

9	1		4					3
	6		1	5				4
3		8			2			1
							1	
7			6	4		5		2
5		3					9	6
	7	9	5		4		2	
	3		7	9				5
4		6	2	8			7	9

Puzzle #163
EASY

2	7	1			9	5		
5					7	4	1	
			1			6	2	7
		8		9	1			4
7				5			9	
	4	9		3		7		6
	1		2		4	3	6	8
	3	9				1	7	

Puzzle #164
EASY

4	3		2	6		7	1	5
6	5	7		8	1	4		2
		9	5					3
9	2		1			6	7	
	7	5	8					
	6			4			3	
			4		7			
	8	2	6	5				7
						3		1

Puzzle #165

EASY

	1	5	2		3	8		9
4	9				8	7	2	
			9	4		6	5	
2		9						
	3		4		2	5		8
	6	8	1				9	
		6		2				5
		7	8			4	1	2
9					5			

Puzzle #166

EASY

			1		8			
				3	7			6
8	4		5		9	3		
			8					7
5	1	9			6			8
			3	9		5	4	
	8						7	3
2	9		7	1			5	
	3	4	6				2	9

Puzzle #167

EASY

	1	7					3	
				9	6		5	
2								7
		4		8			7	9
6	3	9	2	5		1		4
	8	1	9				3	
1		6	3	4				
8	9	3				4		
		2	5			9	6	3

Puzzle #168
EASY

8			2		5		9	
		6	4		9	1		
		5			1			
		3					4	9
5	6	2				7	8	
9			7	3			1	6
	5	1		2				8
	8			4		6		
3	2	4	6					7

Puzzle #169

EASY

	2	3		5	6		9	4
				9		2		
		6	1					5
5								7
	6	9	5	1			4	
		1		3			2	6
9	8	2				1	7	
		7	9	8		4		
3		5		2	1		8	9

Puzzle #170

EASY

8	6	3						
9			6		7	3		5
5	7		8	4	3			9
	5		4	8	6			1
	8	4		3		6		
			2		1		7	
4				7			2	
3	2	5				7		
	1		9		8	5		

Puzzle #171

EASY

5		6		3	1			
3			4	6				
		2	7	5	8	3		
4	8			7	6			9
	1					4		
9		5			2	8		7
6	5				7	1		3
					4	6		8
8			6	1	5		7	2

Puzzle #172

EASY

	1	2			5	7	8	9
6		9		8	2		3	
8				4				
7	8		5					
			8		9	1	5	
	4	5	1	2				
		4	3	9		2		
5		6		1		8	4	3
							1	7

Puzzle #173
EASY

		9				5		8
	2	4	8		6	9	7	
8		6	7	5	9			
7			5	2		6	1	9
9			1			3		4
		1				8	5	
				3				2
4		8	2				3	
	1	2	6		8	4		

Puzzle #174
EASY

2	8			3				6
		3		7			5	
	9	5			4		2	
		6	1			8		
	7	9			8	6		3
4			6	9	7		1	2
				8	9			4
			4	5		2		
		4		1				5

Puzzle #175

EASY

	5					4		8
6		4				7		
		2	6	4	3			
2	8			9				
3		7		2	4	6	8	
			1			2		5
	2		3	5		8	1	4
7	4	1	9	8			5	
					9			

Puzzle #176

EASY

		1	4	2	3			
			9			7		
9	2	4	8		5	1	3	
	5	2	7					3
3	8		1	5			7	
	7		3	8	6		1	
				1			9	7
		8		9	7	3		
5			6				2	

Puzzle #177
EASY

					3	7	8	5
6			7	2	5		4	
1		5	8		9			
8		6	5		7			
	4		1			5		3
				9		6	1	
	3		2		4		9	
		8		7	1			
	9	2					6	4

Puzzle #178
EASY

2			6		9		7	
				8		2		6
3	6		2	1				
5	4	6		7			1	2
	9		4			6	5	
8				5			9	
1		7			5			4
		8	1	9	2	7		
	2			4	3	5		

Puzzle #179
EASY

	5	8	6			4		
	1			7	2	6		
				8		1	3	
			5	2	9			
9		3			1	5	8	
1	6	5	8			2		7
5	7						4	1
8	4					9		
				4	8		2	5

Puzzle #180
EASY

	9	6		4				
1	8					5		7
		7	5			6	2	
8	2	4	1		9	3	6	
				5	8	9		2
						4	8	
6		5	7	3	4			8
2				9	5		3	
			8		2			

Puzzle #181

EASY

	8	5		6				4
	1				9	6	5	
		6		3	4			1
6	4		1	5	3		8	
9			2				3	
			9					2
8				7		9	1	
1	3		4	9			6	
5					8	4	7	

Puzzle #182
EASY

2		7				5	4	
3	5				9		2	
				5		7		
7			9	6	4	3		5
	1		6	3				
		9	1	2				
	9		5		7			3
8	2			1			9	7
	7	3	4			1		8

Puzzle #183
EASY

2		3		5		7	6	8
1			6	7	8			
8					4			5
		9	8		6		4	
					9	8	5	
				2		9	7	
9							1	
5		8		9			3	2
4	7			6	3			9

Puzzle #184
EASY

			9	3	1			2
1	2	7			4	3		
				2		5		8
			5		8			3
	8	5		6		2		1
		4	2	1	7	6	8	
5				7				
8						1	2	
4	1		6	8				

Puzzle #185
EASY

	8				6	9		
9		1	7					
	7	3	4		8	6		
		2	3			1		
8				6		5		3
3				8	5		6	
7			1	2	3	4	5	8
1		8	6					
4				9	3			

Puzzle #186
EASY

2		8	3		4	1		
1					7		6	
	3	4					5	
5					9		2	
	2	1	7	4	3		9	6
	7	9		2	5		4	
6	1		4		2			
			9	7				
		2		6	1	4		7

Puzzle #187
EASY

2		8		6		3	4	9
	9		4					8
6		4	5	8	9		7	
	6	5			4	8		1
		7	2	1		5		3
9		2						
	4		6	9				
1				4	3	9		
		9			1	4		

Puzzle #188
EASY

	9	5	7	8	6		2	
			5	3		7	6	
3	7					8		9
5		9		7	3			
	3	7				2		5
	8	1		2	5			4
7				9	4		1	
9	1			6				2
		2				9		7

Puzzle #189
EASY

1	5					6	3	8
	4			1	6	9	2	
			3			5		
3	2	8		7	5			
6				9				
	9							5
5	7				8		1	9
		6		4		7		
		1	7					4

Puzzle #190

EASY

3	1	5		7	2			
	2	8	1	4	6			
6				8		9		
4			6				7	3
1				5			4	
			2	1			6	9
			5			7	3	
	9	6		3				2
7	3	4						5

Puzzle #191
EASY

		4					9	
5	7		8			3		
9	2		4	7	3			5
		7			1	2	6	
	1		2	8	6			9
	6	9		4		8	5	1
1							3	4
7	9					6		8
	4	2		3	8	5		

Puzzle #192

EASY

	4			1		3	5	9
8	1	9				2		
	3	2			6	8	7	
	5				2			
		6			1	4		3
			7	8	3			
7					9			5
9	2			5		6	3	
	6	5		3			9	

Puzzle #193
EASY

7		2					4	
		9	6		1	8		7
			7			5		3
6						4	3	
	2			9				
	4		3	1	6		8	2
2	7	4	9				1	
	3			2	4		7	
1			8	7	3			

Puzzle #194

EASY

8	9	3	5	6	7	2		
					1	5	9	
		1					3	8
2	1	6	4	7			8	
	3						1	
9	8		6					2
	6				9			
3			1	5		7	6	4
	7		3			1	5	

Puzzle #195

EASY

	8	1						
					3	4		1
			6	9				8
5					4		8	
3		8	1				9	6
	7	2	3	6		5		
1			4	3	6		7	5
4			8				2	3
8				7	2		4	9

Puzzle #196
EASY

4			9			7		1
		8						
	1	3	5		4		8	6
		9	4		6		3	
3			1	8			4	
					7	2		8
7	5		6	1			9	
				5	2	4		3
6			8		9		7	5

Puzzle #197

EASY

3				7		1	9	
					8	7		
2		5	9		1		8	
4	6	2	7	8	9		5	
9	5	7		3			4	
1								
	4			2		5	1	
5		1						8
8				1	5		7	4

Puzzle #198

EASY

	4			1	5		6	
			2				3	
7	5		4			1	8	
	2		8	4				9
3			5	7				
	7		9			5	1	
5		7					4	
	9	8	1	3				6
	1	6			2		9	

Puzzle #199
EASY

2		8			5		4	
	1			9	7			
	5			8		9		2
		2			8	7		6
			9	1	2	4		
1		4	7	6		2		
8	2	9					5	1
5	4		3	2			7	9
				5	9			

Puzzle #200

EASY

8		4			2	5		1
		2		8	6			7
	6				9		8	
9	4	3		7				
7		5			8			
					4	7	9	
		8		4		6	3	5
	3	6		1				9
		9	8	6	3		2	

Puzzle # 1

3	4	1	6	7	8	5	9	2
6	2	8	9	5	3	4	7	1
7	9	5	1	4	2	6	3	8
1	7	4	3	8	5	9	2	6
5	8	6	2	9	1	3	4	7
9	3	2	4	6	7	1	8	5
4	6	7	8	1	9	2	5	3
2	5	9	7	3	6	8	1	4
8	1	3	5	2	4	7	6	9

Puzzle # 2

2	6	5	9	3	8	7	1	4
4	8	3	6	7	1	5	2	9
7	9	1	4	2	5	8	3	6
8	2	9	3	4	7	6	5	1
3	5	6	1	8	9	2	4	7
1	4	7	5	6	2	3	9	8
6	1	4	7	5	3	9	8	2
9	3	2	8	1	6	4	7	5
5	7	8	2	9	4	1	6	3

Puzzle # 3

6	3	8	2	1	4	9	7	5
5	7	4	3	9	8	1	2	6
1	2	9	5	7	6	8	4	3
3	6	7	9	8	5	2	1	4
2	8	1	4	6	3	5	9	7
4	9	5	7	2	1	6	3	8
9	4	6	8	3	2	7	5	1
8	5	2	1	4	7	3	6	9
7	1	3	6	5	9	4	8	2

Puzzle # 4

6	1	9	5	3	7	4	2	8
4	7	8	2	6	9	1	5	3
2	3	5	1	8	4	7	9	6
1	9	6	8	7	2	3	4	5
5	2	4	3	1	6	8	7	9
3	8	7	9	4	5	6	1	2
8	4	2	7	5	3	9	6	1
9	6	3	4	2	1	5	8	7
7	5	1	6	9	8	2	3	4

Puzzle # 5

7	1	3	9	8	6	2	4	5
6	9	8	5	4	2	3	7	1
2	4	5	3	1	7	9	6	8
4	2	7	6	5	9	8	1	3
8	6	1	4	2	3	7	5	9
3	5	9	1	7	8	4	2	6
5	8	4	2	3	1	6	9	7
1	7	6	8	9	4	5	3	2
9	3	2	7	6	5	1	8	4

Puzzle # 6

4	6	5	3	9	7	2	8	1
1	8	2	4	6	5	3	9	7
7	9	3	8	2	1	5	4	6
6	4	7	2	3	9	8	1	5
9	3	8	5	1	4	7	6	2
5	2	1	7	8	6	4	3	9
2	1	4	6	5	8	9	7	3
3	7	9	1	4	2	6	5	8
8	5	6	9	7	3	1	2	4

Puzzle # 7

1	5	8	3	6	2	7	9	4
4	2	7	1	8	9	3	5	6
9	3	6	7	4	5	8	2	1
7	9	5	2	3	4	6	1	8
6	8	3	5	9	1	2	4	7
2	1	4	8	7	6	9	3	5
8	6	1	9	5	3	4	7	2
5	4	9	6	2	7	1	8	3
3	7	2	4	1	8	5	6	9

Puzzle # 8

7	8	4	1	3	2	9	5	6
1	9	5	4	8	6	2	7	3
6	3	2	9	5	7	1	8	4
8	1	3	6	9	4	5	2	7
5	4	7	3	2	1	8	6	9
2	6	9	8	7	5	4	3	1
9	2	6	5	1	3	7	4	8
3	5	1	7	4	8	6	9	2
4	7	8	2	6	9	3	1	5

Julie Candy

Puzzle # 9

6	3	1	8	5	4	2	9	7
5	2	7	6	9	3	4	1	8
4	9	8	7	2	1	3	6	5
7	8	4	9	1	2	5	3	6
9	1	3	5	6	8	7	2	4
2	5	6	3	4	7	9	8	1
3	6	5	1	7	9	8	4	2
1	4	9	2	8	5	6	7	3
8	7	2	4	3	6	1	5	9

Puzzle # 10

5	7	6	4	8	1	2	3	9
1	2	8	6	3	9	4	5	7
4	3	9	5	7	2	1	6	8
6	8	4	9	2	3	7	1	5
9	1	3	7	5	4	6	8	2
2	5	7	1	6	8	9	4	3
7	9	1	8	4	5	3	2	6
3	6	5	2	1	7	8	9	4
8	4	2	3	9	6	5	7	1

Puzzle # 11

4	1	5	8	3	9	7	2	6
7	2	6	4	5	1	8	3	9
3	9	8	2	6	7	5	4	1
9	6	1	7	2	3	4	8	5
2	4	7	5	8	6	9	1	3
8	5	3	1	9	4	2	6	7
1	3	4	9	7	2	6	5	8
5	7	2	6	1	8	3	9	4
6	8	9	3	4	5	1	7	2

Puzzle # 12

9	1	5	2	8	6	4	3	7
6	3	7	1	4	5	9	8	2
2	4	8	9	7	3	6	1	5
5	9	3	8	6	7	1	2	4
4	6	1	3	9	2	7	5	8
7	8	2	4	5	1	3	9	6
3	5	6	7	1	8	2	4	9
1	7	4	5	2	9	8	6	3
8	2	9	6	3	4	5	7	1

Puzzle # 13

4	8	9	7	2	3	6	1	5
1	5	2	6	9	4	8	3	7
3	6	7	5	8	1	2	9	4
5	3	1	4	6	9	7	8	2
9	4	8	2	1	7	3	5	6
7	2	6	8	3	5	1	4	9
8	9	5	3	7	2	4	6	1
6	7	4	1	5	8	9	2	3
2	1	3	9	4	6	5	7	8

Puzzle # 14

2	5	6	4	3	1	7	9	8
9	1	4	5	8	7	6	2	3
8	7	3	2	6	9	4	5	1
6	2	5	8	7	4	3	1	9
4	3	7	1	9	5	8	6	2
1	8	9	3	2	6	5	7	4
5	4	2	7	1	3	9	8	6
3	9	8	6	5	2	1	4	7
7	6	1	9	4	8	2	3	5

Puzzle # 15

1	7	6	3	4	5	2	8	9
8	4	9	7	6	2	1	5	3
2	5	3	9	8	1	7	6	4
3	1	8	6	2	9	5	4	7
4	6	5	8	1	7	3	9	2
7	9	2	5	3	4	6	1	8
9	3	4	1	7	6	8	2	5
5	8	1	2	9	3	4	7	6
6	2	7	4	5	8	9	3	1

Puzzle # 16

2	7	3	5	1	4	9	6	8
5	1	6	9	8	3	2	7	4
9	4	8	7	2	6	3	5	1
8	6	9	2	3	5	1	4	7
3	2	1	4	7	8	5	9	6
4	5	7	6	9	1	8	2	3
1	9	2	3	6	7	4	8	5
6	8	5	1	4	2	7	3	9
7	3	4	8	5	9	6	1	2

Julie Candy

Puzzle #   17

1	2	3	7	6	8	5	9	4
9	6	4	2	3	5	7	1	8
5	7	8	1	9	4	6	2	3
4	1	2	5	8	6	3	7	9
7	8	9	3	2	1	4	5	6
6	3	5	9	4	7	1	8	2
3	4	1	8	5	2	9	6	7
8	5	6	4	7	9	2	3	1
2	9	7	6	1	3	8	4	5

Puzzle #   18

1	7	9	6	4	5	2	8	3
8	6	4	3	1	2	7	5	9
5	3	2	7	9	8	6	4	1
2	9	1	8	6	3	5	7	4
4	8	7	5	2	1	3	9	6
3	5	6	4	7	9	8	1	2
7	1	5	9	3	6	4	2	8
6	2	8	1	5	4	9	3	7
9	4	3	2	8	7	1	6	5

Puzzle #   19

1	6	5	4	9	8	7	3	2
8	3	4	7	1	2	6	9	5
9	2	7	3	6	5	1	8	4
6	8	1	5	4	3	2	7	9
7	9	3	1	2	6	4	5	8
5	4	2	8	7	9	3	6	1
2	5	8	6	3	1	9	4	7
4	1	6	9	8	7	5	2	3
3	7	9	2	5	4	8	1	6

Puzzle #   20

3	5	9	4	2	7	1	6	8
1	7	6	9	5	8	4	2	3
2	4	8	6	1	3	7	9	5
9	8	7	2	4	1	3	5	6
6	2	5	7	3	9	8	1	4
4	1	3	5	8	6	9	7	2
7	6	4	3	9	2	5	8	1
8	3	2	1	7	5	6	4	9
5	9	1	8	6	4	2	3	7

Julie Candy

Puzzle # 21

8	3	2	6	9	4	1	5	7
5	6	9	3	7	1	8	2	4
4	7	1	2	5	8	3	9	6
2	5	4	1	6	7	9	8	3
7	9	3	4	8	2	6	1	5
6	1	8	9	3	5	7	4	2
1	8	5	7	4	3	2	6	9
3	4	6	8	2	9	5	7	1
9	2	7	5	1	6	4	3	8

Puzzle # 22

6	2	7	8	3	5	4	1	9
9	4	5	2	7	1	3	8	6
3	1	8	6	4	9	2	7	5
8	3	1	7	9	2	5	6	4
4	9	6	5	1	8	7	2	3
7	5	2	4	6	3	8	9	1
2	6	3	9	5	7	1	4	8
1	8	9	3	2	4	6	5	7
5	7	4	1	8	6	9	3	2

Puzzle # 23

6	1	5	2	9	4	8	3	7
7	3	4	8	1	5	2	9	6
8	2	9	6	3	7	1	4	5
5	6	2	7	4	8	9	1	3
4	9	8	1	5	3	7	6	2
3	7	1	9	2	6	4	5	8
1	5	7	4	6	2	3	8	9
9	8	3	5	7	1	6	2	4
2	4	6	3	8	9	5	7	1

Puzzle # 24

5	4	9	6	7	2	1	3	8
8	3	1	4	9	5	2	6	7
2	6	7	1	8	3	4	9	5
4	2	3	7	5	6	8	1	9
1	9	5	3	2	8	7	4	6
7	8	6	9	4	1	5	2	3
9	5	4	2	3	7	6	8	1
3	1	8	5	6	4	9	7	2
6	7	2	8	1	9	3	5	4

Julie Candy

Puzzle # 25

4	2	6	5	7	3	8	1	9
1	5	7	8	9	2	6	3	4
3	8	9	1	6	4	5	2	7
6	9	8	7	3	5	1	4	2
5	7	1	2	4	6	9	8	3
2	3	4	9	1	8	7	5	6
7	1	2	4	8	9	3	6	5
8	6	5	3	2	7	4	9	1
9	4	3	6	5	1	2	7	8

Puzzle # 26

2	4	3	6	5	1	9	8	7
1	9	5	3	8	7	4	2	6
7	8	6	2	9	4	3	5	1
3	1	8	7	2	9	6	4	5
4	7	9	5	1	6	8	3	2
5	6	2	8	4	3	1	7	9
8	2	1	4	6	5	7	9	3
9	3	4	1	7	2	5	6	8
6	5	7	9	3	8	2	1	4

Puzzle # 27

5	1	8	3	4	2	7	6	9
4	7	9	1	8	6	5	3	2
3	2	6	9	5	7	1	4	8
7	6	2	8	9	1	3	5	4
1	5	3	6	2	4	9	8	7
9	8	4	5	7	3	2	1	6
8	3	1	7	6	9	4	2	5
2	9	5	4	3	8	6	7	1
6	4	7	2	1	5	8	9	3

Puzzle # 28

4	7	8	9	1	6	3	2	5
5	6	3	8	7	2	9	1	4
2	1	9	3	4	5	6	7	8
3	5	1	2	6	8	7	4	9
8	2	6	7	9	4	5	3	1
7	9	4	5	3	1	2	8	6
1	4	5	6	2	3	8	9	7
6	3	7	4	8	9	1	5	2
9	8	2	1	5	7	4	6	3

Julie Candy

Puzzle # 29

6	1	3	9	7	8	2	4	5
9	8	5	4	2	3	6	1	7
2	4	7	1	6	5	8	9	3
3	5	2	7	8	1	9	6	4
4	9	1	2	5	6	3	7	8
7	6	8	3	9	4	1	5	2
5	2	9	8	1	7	4	3	6
1	7	4	6	3	2	5	8	9
8	3	6	5	4	9	7	2	1

Puzzle # 30

9	6	3	5	1	4	7	2	8
8	1	7	2	3	9	4	5	6
2	4	5	7	6	8	9	1	3
7	5	9	6	4	2	8	3	1
4	3	6	8	9	1	5	7	2
1	2	8	3	5	7	6	4	9
5	7	1	9	2	6	3	8	4
6	8	2	4	7	3	1	9	5
3	9	4	1	8	5	2	6	7

Puzzle # 31

7	4	9	6	5	2	3	8	1
5	6	2	1	3	8	4	9	7
3	8	1	7	9	4	5	6	2
2	5	7	9	6	1	8	3	4
6	3	4	8	2	5	7	1	9
1	9	8	4	7	3	2	5	6
8	2	6	3	1	7	9	4	5
9	7	3	5	4	6	1	2	8
4	1	5	2	8	9	6	7	3

Puzzle # 32

8	2	6	1	9	4	3	7	5
7	9	1	3	6	5	4	2	8
3	4	5	8	2	7	6	1	9
6	5	7	9	1	2	8	3	4
2	8	4	5	3	6	1	9	7
9	1	3	4	7	8	2	5	6
1	6	2	7	4	9	5	8	3
5	3	9	6	8	1	7	4	2
4	7	8	2	5	3	9	6	1

Puzzle # 33

9	6	2	7	4	8	5	3	1
8	3	5	9	1	6	7	4	2
4	7	1	3	2	5	9	6	8
5	2	8	4	3	9	1	7	6
3	1	7	6	5	2	8	9	4
6	9	4	1	8	7	3	2	5
1	5	6	2	9	3	4	8	7
2	8	3	5	7	4	6	1	9
7	4	9	8	6	1	2	5	3

Puzzle # 34

3	4	5	6	1	8	9	7	2
6	7	1	9	2	5	4	3	8
2	8	9	3	7	4	1	6	5
7	5	6	4	3	9	8	2	1
8	9	3	2	5	1	7	4	6
1	2	4	8	6	7	3	5	9
9	1	7	5	4	6	2	8	3
4	6	2	1	8	3	5	9	7
5	3	8	7	9	2	6	1	4

Puzzle # 35

7	9	5	1	4	2	8	3	6
3	8	4	7	9	6	1	2	5
1	6	2	3	8	5	9	4	7
8	7	6	2	3	4	5	9	1
4	5	9	6	1	8	3	7	2
2	1	3	9	5	7	4	6	8
5	2	8	4	6	9	7	1	3
9	3	7	8	2	1	6	5	4
6	4	1	5	7	3	2	8	9

Puzzle # 36

2	8	3	7	1	5	6	9	4
9	7	1	6	8	4	2	5	3
6	5	4	9	2	3	7	8	1
5	3	7	1	6	9	4	2	8
1	2	9	4	3	8	5	6	7
8	4	6	5	7	2	3	1	9
3	6	5	8	9	7	1	4	2
4	9	2	3	5	1	8	7	6
7	1	8	2	4	6	9	3	5

Puzzle # 37

1	4	5	7	2	6	3	9	8
9	6	3	4	1	8	5	7	2
8	7	2	5	9	3	4	1	6
3	9	8	6	5	7	2	4	1
5	2	6	1	4	9	8	3	7
7	1	4	8	3	2	9	6	5
4	5	9	2	7	1	6	8	3
6	3	7	9	8	5	1	2	4
2	8	1	3	6	4	7	5	9

Puzzle # 38

4	1	3	5	8	9	6	7	2
8	9	7	2	1	6	3	5	4
5	6	2	7	4	3	8	1	9
2	4	1	3	9	5	7	6	8
7	8	9	4	6	1	2	3	5
3	5	6	8	2	7	4	9	1
9	7	8	6	5	4	1	2	3
6	2	5	1	3	8	9	4	7
1	3	4	9	7	2	5	8	6

Puzzle # 39

5	3	1	2	8	4	9	6	7
4	8	7	9	1	6	5	3	2
6	2	9	5	7	3	1	4	8
1	5	2	3	4	9	7	8	6
8	4	6	7	2	5	3	9	1
9	7	3	1	6	8	4	2	5
2	1	4	6	9	7	8	5	3
7	9	5	8	3	2	6	1	4
3	6	8	4	5	1	2	7	9

Puzzle # 40

2	1	5	7	4	6	9	3	8
6	9	4	3	8	2	5	7	1
8	3	7	5	1	9	2	4	6
3	4	2	6	5	8	1	9	7
5	6	8	1	9	7	3	2	4
1	7	9	2	3	4	6	8	5
9	8	1	4	2	5	7	6	3
7	2	3	8	6	1	4	5	9
4	5	6	9	7	3	8	1	2

Puzzle # 41

5	7	6	2	9	1	8	3	4
3	2	4	7	8	5	6	1	9
1	8	9	3	6	4	2	5	7
8	4	5	6	3	2	7	9	1
7	6	3	1	5	9	4	2	8
2	9	1	8	4	7	5	6	3
9	5	2	4	1	8	3	7	6
6	1	8	5	7	3	9	4	2
4	3	7	9	2	6	1	8	5

Puzzle # 42

4	7	1	8	3	2	6	5	9
3	9	2	6	7	5	4	1	8
5	6	8	9	1	4	2	7	3
2	4	3	1	9	7	8	6	5
8	1	6	2	5	3	7	9	4
9	5	7	4	8	6	3	2	1
6	8	4	5	2	1	9	3	7
1	3	9	7	6	8	5	4	2
7	2	5	3	4	9	1	8	6

Puzzle # 43

1	5	8	7	4	9	2	6	3
9	4	2	6	1	3	7	8	5
7	6	3	2	8	5	1	4	9
2	8	6	5	9	4	3	7	1
3	9	7	1	2	8	6	5	4
4	1	5	3	7	6	8	9	2
5	7	1	4	6	2	9	3	8
6	3	9	8	5	1	4	2	7
8	2	4	9	3	7	5	1	6

Puzzle # 44

6	1	7	3	4	8	9	5	2
4	9	2	6	1	5	3	7	8
3	8	5	9	2	7	1	4	6
2	5	4	8	6	3	7	9	1
8	6	1	7	9	4	5	2	3
9	7	3	2	5	1	6	8	4
5	3	8	4	7	6	2	1	9
7	4	9	1	3	2	8	6	5
1	2	6	5	8	9	4	3	7

Julie Candy

Puzzle # 45

5	2	4	1	9	6	7	8	3
7	1	6	8	5	3	4	2	9
8	3	9	2	4	7	6	5	1
6	7	3	5	8	4	1	9	2
9	8	5	7	1	2	3	6	4
2	4	1	6	3	9	5	7	8
4	5	2	3	6	8	9	1	7
3	6	7	9	2	1	8	4	5
1	9	8	4	7	5	2	3	6

Puzzle # 46

6	1	2	4	8	9	7	3	5
5	3	8	1	6	7	9	4	2
7	4	9	3	5	2	6	8	1
4	5	1	6	7	3	2	9	8
3	9	6	2	1	8	5	7	4
8	2	7	9	4	5	1	6	3
9	6	4	5	3	1	8	2	7
2	7	5	8	9	4	3	1	6
1	8	3	7	2	6	4	5	9

Puzzle # 47

7	8	2	9	4	6	1	3	5
6	3	9	7	1	5	4	8	2
5	1	4	8	2	3	7	9	6
9	7	8	2	5	1	6	4	3
1	2	3	6	8	4	5	7	9
4	5	6	3	7	9	8	2	1
3	4	7	1	6	2	9	5	8
2	6	5	4	9	8	3	1	7
8	9	1	5	3	7	2	6	4

Puzzle # 48

9	2	4	1	7	6	3	5	8
7	6	1	3	5	8	9	2	4
5	3	8	2	9	4	1	6	7
2	4	5	9	8	1	6	7	3
8	7	6	4	3	2	5	1	9
1	9	3	5	6	7	4	8	2
6	1	2	8	4	9	7	3	5
3	8	9	7	1	5	2	4	6
4	5	7	6	2	3	8	9	1

Puzzle # 49

4	9	3	1	8	6	2	5	7
2	5	7	4	3	9	1	8	6
1	6	8	2	7	5	4	9	3
5	1	2	7	9	4	6	3	8
7	4	6	3	5	8	9	2	1
3	8	9	6	1	2	7	4	5
6	7	4	8	2	3	5	1	9
9	3	1	5	4	7	8	6	2
8	2	5	9	6	1	3	7	4

Puzzle # 50

3	6	7	5	1	8	2	9	4
2	5	8	6	4	9	7	3	1
9	4	1	3	2	7	5	8	6
4	8	6	1	9	5	3	2	7
1	2	3	7	8	6	4	5	9
7	9	5	4	3	2	6	1	8
8	7	4	9	5	3	1	6	2
5	1	2	8	6	4	9	7	3
6	3	9	2	7	1	8	4	5

Puzzle # 51

5	8	1	3	2	9	7	4	6
4	2	3	7	6	5	1	8	9
6	7	9	1	8	4	2	3	5
7	5	2	8	9	3	6	1	4
1	9	8	4	7	6	5	2	3
3	4	6	2	5	1	8	9	7
2	3	4	6	1	7	9	5	8
9	1	7	5	3	8	4	6	2
8	6	5	9	4	2	3	7	1

Puzzle # 52

8	1	6	7	4	3	9	2	5
5	2	3	8	1	9	7	6	4
4	7	9	5	6	2	8	3	1
9	6	4	2	5	8	3	1	7
7	5	1	4	3	6	2	8	9
3	8	2	9	7	1	5	4	6
2	9	7	6	8	4	1	5	3
1	4	8	3	9	5	6	7	2
6	3	5	1	2	7	4	9	8

Julie Candy

Puzzle # 53

5	1	7	2	3	4	6	8	9
4	8	2	9	6	1	5	7	3
6	9	3	7	8	5	2	1	4
7	4	9	5	2	3	1	6	8
1	3	6	4	7	8	9	2	5
8	2	5	6	1	9	3	4	7
9	5	8	1	4	2	7	3	6
2	6	4	3	9	7	8	5	1
3	7	1	8	5	6	4	9	2

Puzzle # 54

1	8	6	5	4	2	9	3	7
2	9	3	1	8	7	6	4	5
5	4	7	9	6	3	2	8	1
8	7	9	6	1	4	5	2	3
4	6	2	3	5	8	7	1	9
3	1	5	7	2	9	4	6	8
6	5	8	2	7	1	3	9	4
9	2	4	8	3	5	1	7	6
7	3	1	4	9	6	8	5	2

Puzzle # 55

4	9	7	1	2	8	6	3	5
3	6	1	4	7	5	8	9	2
5	8	2	3	9	6	7	1	4
6	1	9	5	4	3	2	8	7
2	4	3	8	6	7	1	5	9
7	5	8	2	1	9	3	4	6
1	2	6	9	8	4	5	7	3
8	3	4	7	5	2	9	6	1
9	7	5	6	3	1	4	2	8

Puzzle # 56

6	7	8	5	1	4	2	3	9
3	2	5	7	6	9	4	1	8
4	9	1	3	8	2	6	7	5
9	4	3	1	7	5	8	2	6
5	8	2	6	9	3	1	4	7
1	6	7	4	2	8	9	5	3
2	5	6	9	3	1	7	8	4
8	3	9	2	4	7	5	6	1
7	1	4	8	5	6	3	9	2

Julie Candy

Puzzle # 57

7	2	5	1	6	8	9	4	3
1	9	8	3	2	4	5	7	6
4	6	3	7	5	9	2	8	1
5	8	4	9	7	1	6	3	2
9	7	2	6	4	3	1	5	8
6	3	1	2	8	5	4	9	7
2	4	6	5	3	7	8	1	9
8	1	7	4	9	6	3	2	5
3	5	9	8	1	2	7	6	4

Puzzle # 58

9	2	5	7	1	4	6	8	3
1	8	7	2	3	6	9	4	5
3	4	6	9	5	8	1	7	2
7	9	2	6	8	1	3	5	4
4	6	1	3	7	5	2	9	8
8	5	3	4	9	2	7	1	6
6	7	4	5	2	9	8	3	1
5	3	8	1	6	7	4	2	9
2	1	9	8	4	3	5	6	7

Puzzle # 59

5	2	7	6	3	9	8	4	1
4	9	8	7	1	5	3	6	2
3	6	1	8	2	4	7	9	5
9	1	3	5	4	7	2	8	6
7	8	6	2	9	1	4	5	3
2	4	5	3	8	6	1	7	9
8	7	2	9	6	3	5	1	4
1	3	9	4	5	8	6	2	7
6	5	4	1	7	2	9	3	8

Puzzle # 60

8	1	3	4	7	5	2	9	6
9	5	2	6	3	8	4	1	7
6	4	7	2	1	9	8	5	3
2	8	6	1	9	7	3	4	5
4	3	1	5	2	6	9	7	8
7	9	5	3	8	4	1	6	2
3	2	4	7	5	1	6	8	9
5	6	8	9	4	3	7	2	1
1	7	9	8	6	2	5	3	4

Julie Candy

Puzzle # 61

3	5	2	4	1	6	8	7	9
7	9	4	8	2	3	1	5	6
1	8	6	5	9	7	4	3	2
4	2	7	9	6	1	5	8	3
5	6	1	7	3	8	9	2	4
8	3	9	2	4	5	6	1	7
9	1	5	3	7	4	2	6	8
6	4	3	1	8	2	7	9	5
2	7	8	6	5	9	3	4	1

Puzzle # 62

7	4	3	6	5	1	9	8	2
8	6	2	4	9	7	1	3	5
9	5	1	2	8	3	7	4	6
2	8	4	1	6	9	5	7	3
3	7	9	5	2	4	8	6	1
6	1	5	3	7	8	2	9	4
5	2	8	7	4	6	3	1	9
4	3	7	9	1	2	6	5	8
1	9	6	8	3	5	4	2	7

Puzzle # 63

1	2	7	9	8	4	3	5	6
8	4	6	1	3	5	2	9	7
3	9	5	2	7	6	1	4	8
4	8	1	7	9	2	6	3	5
7	5	3	4	6	1	8	2	9
2	6	9	3	5	8	7	1	4
6	7	2	5	1	9	4	8	3
9	3	4	8	2	7	5	6	1
5	1	8	6	4	3	9	7	2

Puzzle # 64

4	1	3	7	6	5	9	2	8
6	5	2	8	4	9	1	3	7
8	7	9	2	3	1	6	5	4
5	9	1	4	7	3	8	6	2
7	4	6	5	8	2	3	1	9
2	3	8	9	1	6	4	7	5
3	2	5	6	9	8	7	4	1
9	6	4	1	2	7	5	8	3
1	8	7	3	5	4	2	9	6

Puzzle # 65

6	1	4	9	5	7	3	2	8
9	3	2	6	1	8	5	4	7
7	5	8	4	3	2	9	1	6
4	2	9	1	7	6	8	3	5
5	7	3	8	2	4	1	6	9
1	8	6	3	9	5	4	7	2
8	4	7	5	6	3	2	9	1
3	6	1	2	8	9	7	5	4
2	9	5	7	4	1	6	8	3

Puzzle # 66

5	1	4	9	7	6	2	8	3
7	3	2	5	8	4	9	6	1
9	8	6	2	1	3	7	4	5
6	2	5	8	9	7	3	1	4
3	9	8	4	5	1	6	2	7
4	7	1	3	6	2	5	9	8
1	4	9	7	2	5	8	3	6
8	5	3	6	4	9	1	7	2
2	6	7	1	3	8	4	5	9

Puzzle # 67

1	5	6	8	7	4	2	9	3
9	3	8	1	6	2	7	4	5
7	2	4	9	5	3	1	6	8
6	9	5	2	4	1	8	3	7
4	7	2	3	8	5	9	1	6
8	1	3	7	9	6	4	5	2
3	6	9	4	2	8	5	7	1
5	8	7	6	1	9	3	2	4
2	4	1	5	3	7	6	8	9

Puzzle # 68

9	1	3	7	5	4	8	6	2
2	6	8	9	1	3	7	5	4
7	5	4	2	6	8	3	9	1
5	3	2	1	9	7	4	8	6
1	8	9	3	4	6	5	2	7
6	4	7	8	2	5	9	1	3
3	9	6	4	8	2	1	7	5
4	2	1	5	7	9	6	3	8
8	7	5	6	3	1	2	4	9

Puzzle # 69

9	2	5	3	1	4	7	8	6
6	7	3	2	8	9	4	1	5
8	1	4	7	5	6	3	2	9
3	6	9	4	2	8	5	7	1
5	4	7	1	9	3	2	6	8
2	8	1	6	7	5	9	4	3
1	9	8	5	4	7	6	3	2
4	3	2	9	6	1	8	5	7
7	5	6	8	3	2	1	9	4

Puzzle # 70

3	4	8	7	1	9	6	5	2
1	6	5	2	4	8	9	3	7
7	9	2	5	3	6	1	4	8
6	2	1	9	8	5	4	7	3
4	5	7	6	2	3	8	9	1
8	3	9	1	7	4	2	6	5
9	1	3	8	6	7	5	2	4
2	7	6	4	5	1	3	8	9
5	8	4	3	9	2	7	1	6

Puzzle # 71

8	9	7	1	6	4	2	3	5
5	1	6	2	7	3	8	4	9
2	4	3	9	8	5	6	7	1
1	3	5	6	2	7	9	8	4
9	6	4	8	3	1	5	2	7
7	8	2	5	4	9	1	6	3
3	5	8	4	1	2	7	9	6
6	7	9	3	5	8	4	1	2
4	2	1	7	9	6	3	5	8

Puzzle # 72

6	8	1	7	9	5	4	3	2
2	4	3	6	8	1	7	5	9
5	9	7	3	4	2	8	6	1
1	5	6	4	2	7	9	8	3
3	2	9	8	1	6	5	7	4
4	7	8	5	3	9	2	1	6
7	3	2	9	6	8	1	4	5
8	1	4	2	5	3	6	9	7
9	6	5	1	7	4	3	2	8

Julie Candy

Puzzle # 73

9	2	3	6	1	8	5	7	4
7	1	6	4	5	2	8	9	3
5	8	4	7	9	3	2	1	6
2	9	8	3	6	5	7	4	1
4	6	7	8	2	1	3	5	9
1	3	5	9	4	7	6	8	2
6	7	9	5	3	4	1	2	8
3	5	1	2	8	9	4	6	7
8	4	2	1	7	6	9	3	5

Puzzle # 74

7	3	5	2	1	6	4	8	9
6	9	1	4	8	5	7	2	3
4	8	2	7	3	9	6	1	5
9	7	8	1	2	4	3	5	6
2	6	3	9	5	8	1	7	4
5	1	4	3	6	7	8	9	2
3	5	9	8	4	1	2	6	7
8	4	7	6	9	2	5	3	1
1	2	6	5	7	3	9	4	8

Puzzle # 75

8	9	7	2	3	1	5	4	6
2	3	4	5	7	6	1	8	9
6	5	1	8	9	4	7	3	2
5	4	2	1	8	7	6	9	3
3	7	9	6	2	5	8	1	4
1	8	6	3	4	9	2	5	7
4	2	3	7	5	8	9	6	1
7	6	5	9	1	3	4	2	8
9	1	8	4	6	2	3	7	5

Puzzle # 76

2	4	9	7	6	8	3	5	1
7	5	8	1	3	2	4	9	6
1	6	3	5	9	4	8	2	7
6	9	1	4	8	5	2	7	3
5	8	7	6	2	3	9	1	4
4	3	2	9	7	1	6	8	5
3	2	6	8	5	7	1	4	9
8	1	5	3	4	9	7	6	2
9	7	4	2	1	6	5	3	8

Julie Candy

Puzzle # 77

3	8	4	2	9	5	7	6	1
5	6	1	3	7	8	4	9	2
7	2	9	6	1	4	5	3	8
2	9	8	5	3	6	1	4	7
4	7	3	9	2	1	8	5	6
6	1	5	4	8	7	9	2	3
9	5	7	1	6	3	2	8	4
8	4	6	7	5	2	3	1	9
1	3	2	8	4	9	6	7	5

Puzzle # 78

1	6	5	9	4	8	7	3	2
3	7	4	5	6	2	9	8	1
8	9	2	1	7	3	4	6	5
9	4	3	8	1	7	5	2	6
7	5	8	6	2	9	3	1	4
2	1	6	3	5	4	8	7	9
4	8	7	2	9	6	1	5	3
6	3	1	4	8	5	2	9	7
5	2	9	7	3	1	6	4	8

Puzzle # 79

2	6	3	7	9	1	4	5	8
9	4	7	8	2	5	3	1	6
1	8	5	6	4	3	2	9	7
6	2	8	1	3	9	5	7	4
3	7	1	5	6	4	8	2	9
4	5	9	2	7	8	1	6	3
8	3	6	9	1	2	7	4	5
7	1	4	3	5	6	9	8	2
5	9	2	4	8	7	6	3	1

Puzzle # 80

4	9	8	1	7	2	6	5	3
2	1	3	5	6	4	9	8	7
5	6	7	3	8	9	2	4	1
8	3	4	6	1	5	7	2	9
6	7	1	9	2	8	5	3	4
9	2	5	4	3	7	8	1	6
7	5	6	8	4	3	1	9	2
3	8	2	7	9	1	4	6	5
1	4	9	2	5	6	3	7	8

Julie Candy

Puzzle # 81

6	2	4	3	9	5	8	1	7
7	8	5	6	4	1	9	2	3
3	1	9	7	2	8	5	6	4
1	6	8	9	7	4	3	5	2
4	9	3	5	8	2	1	7	6
5	7	2	1	3	6	4	8	9
8	4	1	2	6	3	7	9	5
2	3	7	8	5	9	6	4	1
9	5	6	4	1	7	2	3	8

Puzzle # 82

6	7	2	4	5	1	8	3	9
1	3	5	8	7	9	2	6	4
8	9	4	6	3	2	5	1	7
5	8	9	1	2	7	3	4	6
3	6	7	9	8	4	1	2	5
4	2	1	3	6	5	7	9	8
7	1	6	5	4	3	9	8	2
2	4	3	7	9	8	6	5	1
9	5	8	2	1	6	4	7	3

Puzzle # 83

1	8	2	6	4	3	9	5	7
6	5	3	8	7	9	4	2	1
7	4	9	2	5	1	8	6	3
2	9	1	7	6	8	3	4	5
5	3	4	9	1	2	6	7	8
8	7	6	5	3	4	1	9	2
3	1	5	4	2	6	7	8	9
9	6	7	3	8	5	2	1	4
4	2	8	1	9	7	5	3	6

Puzzle # 84

7	8	5	1	6	2	3	4	9
3	9	1	7	8	4	2	5	6
6	2	4	9	5	3	8	7	1
1	4	6	3	2	5	9	8	7
9	7	8	4	1	6	5	2	3
2	5	3	8	9	7	1	6	4
4	3	2	5	7	9	6	1	8
5	1	7	6	3	8	4	9	2
8	6	9	2	4	1	7	3	5

Julie Candy

Puzzle # 85

3	4	9	8	1	5	2	7	6
1	6	8	2	7	3	4	9	5
7	2	5	9	4	6	3	8	1
6	9	2	4	5	7	8	1	3
8	3	7	1	9	2	5	6	4
5	1	4	3	6	8	9	2	7
2	7	3	5	8	1	6	4	9
9	5	6	7	2	4	1	3	8
4	8	1	6	3	9	7	5	2

Puzzle # 86

9	3	7	8	1	2	5	6	4
2	1	5	9	6	4	7	3	8
8	4	6	3	5	7	1	9	2
6	7	4	1	9	5	8	2	3
5	9	8	2	3	6	4	1	7
1	2	3	7	4	8	9	5	6
4	8	1	6	2	9	3	7	5
7	6	9	5	8	3	2	4	1
3	5	2	4	7	1	6	8	9

Puzzle # 87

2	6	8	9	5	4	1	7	3
7	3	4	6	8	1	9	2	5
1	5	9	3	2	7	8	6	4
5	7	1	2	3	9	4	8	6
4	8	2	1	6	5	7	3	9
3	9	6	4	7	8	5	1	2
9	4	3	8	1	6	2	5	7
8	2	7	5	4	3	6	9	1
6	1	5	7	9	2	3	4	8

Puzzle # 88

2	9	5	3	7	6	8	4	1
1	7	3	8	2	4	6	9	5
6	4	8	1	9	5	2	3	7
8	3	4	7	6	1	5	2	9
5	6	9	4	3	2	7	1	8
7	1	2	9	5	8	4	6	3
3	5	7	2	4	9	1	8	6
4	8	6	5	1	3	9	7	2
9	2	1	6	8	7	3	5	4

Julie Candy

Puzzle # 89

3	9	1	2	8	5	4	6	7
7	4	8	9	1	6	2	3	5
5	6	2	7	3	4	1	9	8
1	8	6	5	2	7	9	4	3
9	7	4	3	6	1	5	8	2
2	3	5	4	9	8	6	7	1
6	2	9	1	7	3	8	5	4
4	1	7	8	5	9	3	2	6
8	5	3	6	4	2	7	1	9

Puzzle # 90

7	8	6	5	4	2	3	9	1
5	3	9	8	1	7	6	4	2
4	2	1	6	9	3	8	7	5
1	4	5	7	2	8	9	6	3
8	9	7	1	3	6	5	2	4
3	6	2	4	5	9	7	1	8
9	1	8	2	7	5	4	3	6
6	7	4	3	8	1	2	5	9
2	5	3	9	6	4	1	8	7

Puzzle # 91

1	4	2	8	3	7	9	6	5
8	3	5	1	6	9	2	7	4
9	6	7	2	4	5	8	3	1
4	7	8	5	1	6	3	9	2
2	9	1	3	7	8	4	5	6
3	5	6	4	9	2	1	8	7
7	2	3	9	5	4	6	1	8
5	1	4	6	8	3	7	2	9
6	8	9	7	2	1	5	4	3

Puzzle # 92

1	6	3	8	5	7	2	9	4
2	8	7	9	6	4	1	5	3
5	4	9	1	2	3	6	8	7
8	1	5	7	3	2	4	6	9
6	3	2	5	4	9	8	7	1
7	9	4	6	1	8	3	2	5
3	7	8	2	9	1	5	4	6
9	5	1	4	8	6	7	3	2
4	2	6	3	7	5	9	1	8

Julie Candy

Puzzle # 93

9	5	4	6	2	8	3	1	7
7	1	3	9	4	5	6	2	8
2	8	6	7	3	1	5	9	4
3	2	8	4	7	6	1	5	9
6	9	1	8	5	2	4	7	3
5	4	7	1	9	3	2	8	6
1	7	2	3	6	9	8	4	5
4	6	5	2	8	7	9	3	1
8	3	9	5	1	4	7	6	2

Puzzle # 94

3	5	7	9	1	6	4	2	8
6	8	2	5	4	7	3	1	9
4	9	1	2	3	8	5	6	7
5	1	9	8	6	4	7	3	2
8	7	3	1	2	9	6	4	5
2	6	4	7	5	3	9	8	1
1	4	5	3	9	2	8	7	6
7	2	6	4	8	5	1	9	3
9	3	8	6	7	1	2	5	4

Puzzle # 95

4	2	9	7	8	5	6	1	3
6	1	8	3	2	9	7	5	4
5	3	7	4	1	6	8	9	2
9	7	3	2	4	1	5	8	6
1	5	2	6	3	8	4	7	9
8	4	6	9	5	7	2	3	1
3	8	4	1	7	2	9	6	5
2	9	5	8	6	3	1	4	7
7	6	1	5	9	4	3	2	8

Puzzle # 96

5	7	3	9	6	4	2	1	8
2	1	9	7	3	8	6	5	4
4	8	6	2	1	5	9	3	7
3	2	7	8	9	1	4	6	5
8	4	5	6	2	3	7	9	1
6	9	1	4	5	7	8	2	3
9	5	8	3	4	6	1	7	2
7	3	2	1	8	9	5	4	6
1	6	4	5	7	2	3	8	9

Julie Candy

Puzzle # 97

9	5	6	4	7	8	3	1	2
7	4	2	3	5	1	6	9	8
3	1	8	6	9	2	7	5	4
4	2	9	8	3	6	5	7	1
5	8	7	2	1	9	4	3	6
6	3	1	7	4	5	2	8	9
1	6	3	9	2	7	8	4	5
2	9	4	5	8	3	1	6	7
8	7	5	1	6	4	9	2	3

Puzzle # 98

6	7	1	9	3	4	5	8	2
5	2	8	6	7	1	3	4	9
3	9	4	5	2	8	7	1	6
1	8	2	3	4	5	9	6	7
9	5	3	7	1	6	4	2	8
4	6	7	8	9	2	1	3	5
2	1	5	4	8	9	6	7	3
8	3	9	1	6	7	2	5	4
7	4	6	2	5	3	8	9	1

Puzzle # 99

6	1	8	3	5	7	2	9	4
4	3	5	2	9	6	1	7	8
2	7	9	8	1	4	6	5	3
9	2	4	5	3	1	8	6	7
3	6	1	7	8	9	4	2	5
8	5	7	6	4	2	9	3	1
5	8	6	1	2	3	7	4	9
7	4	3	9	6	8	5	1	2
1	9	2	4	7	5	3	8	6

Puzzle # 100

9	4	2	6	8	1	3	5	7
8	3	1	9	5	7	4	6	2
5	6	7	4	2	3	9	1	8
7	8	9	1	3	4	6	2	5
6	5	3	7	9	2	1	8	4
2	1	4	8	6	5	7	3	9
4	7	6	2	1	8	5	9	3
3	9	8	5	7	6	2	4	1
1	2	5	3	4	9	8	7	6

Julie Candy

Puzzle # 101

1	6	8	2	3	7	9	5	4
5	3	7	4	9	6	8	1	2
2	4	9	8	1	5	3	7	6
9	2	4	5	6	8	7	3	1
8	7	1	3	2	4	6	9	5
6	5	3	9	7	1	4	2	8
7	1	5	6	8	9	2	4	3
3	9	6	1	4	2	5	8	7
4	8	2	7	5	3	1	6	9

Puzzle # 102

6	8	4	1	2	9	5	3	7
2	1	9	5	7	3	4	6	8
5	7	3	8	4	6	9	1	2
1	5	7	4	3	8	6	2	9
3	4	6	2	9	1	7	8	5
9	2	8	7	6	5	1	4	3
4	9	1	3	5	2	8	7	6
7	3	5	6	8	4	2	9	1
8	6	2	9	1	7	3	5	4

Puzzle # 103

6	9	2	3	7	4	5	8	1
7	5	8	1	9	6	2	3	4
1	4	3	2	8	5	7	6	9
4	2	6	9	5	1	8	7	3
5	1	9	8	3	7	4	2	6
8	3	7	6	4	2	9	1	5
3	7	4	5	6	8	1	9	2
9	8	1	4	2	3	6	5	7
2	6	5	7	1	9	3	4	8

Puzzle # 104

9	3	5	1	2	6	8	7	4
1	6	8	5	7	4	2	3	9
4	2	7	9	3	8	5	6	1
6	7	1	4	9	5	3	2	8
2	8	9	3	6	7	1	4	5
3	5	4	8	1	2	6	9	7
7	4	2	6	5	1	9	8	3
5	9	6	7	8	3	4	1	2
8	1	3	2	4	9	7	5	6

Puzzle # 105

2	5	9	3	8	4	6	7	1
3	8	7	1	5	6	4	2	9
4	1	6	2	9	7	8	3	5
1	7	2	8	6	9	5	4	3
9	4	8	5	3	2	7	1	6
5	6	3	4	7	1	9	8	2
8	2	1	6	4	5	3	9	7
7	3	5	9	2	8	1	6	4
6	9	4	7	1	3	2	5	8

Puzzle # 106

6	1	8	2	7	9	5	3	4
4	2	5	8	3	1	6	9	7
3	9	7	4	5	6	2	1	8
8	5	3	6	1	2	4	7	9
1	6	2	7	9	4	8	5	3
9	7	4	5	8	3	1	2	6
2	8	1	3	4	7	9	6	5
5	3	9	1	6	8	7	4	2
7	4	6	9	2	5	3	8	1

Puzzle # 107

8	6	7	4	3	9	1	5	2
2	3	9	5	1	6	8	7	4
1	4	5	8	2	7	3	9	6
5	2	1	9	6	8	4	3	7
3	9	6	7	4	2	5	1	8
7	8	4	1	5	3	6	2	9
6	1	3	2	9	4	7	8	5
4	7	2	3	8	5	9	6	1
9	5	8	6	7	1	2	4	3

Puzzle # 108

8	6	1	3	4	7	9	2	5
9	5	7	6	1	2	8	4	3
4	3	2	8	9	5	1	6	7
6	2	8	7	5	9	3	1	4
1	9	3	4	8	6	7	5	2
7	4	5	2	3	1	6	8	9
2	1	9	5	7	8	4	3	6
5	7	4	1	6	3	2	9	8
3	8	6	9	2	4	5	7	1

Puzzle # 109

1	3	6	2	4	7	5	8	9
7	4	5	3	9	8	2	6	1
9	8	2	1	5	6	7	3	4
4	5	1	7	2	3	6	9	8
2	6	3	9	8	5	1	4	7
8	9	7	4	6	1	3	5	2
5	7	9	8	3	2	4	1	6
6	2	4	5	1	9	8	7	3
3	1	8	6	7	4	9	2	5

Puzzle # 110

3	9	7	5	4	8	1	2	6
6	2	4	3	1	9	8	5	7
8	1	5	7	6	2	9	4	3
1	4	9	8	3	5	6	7	2
7	8	6	2	9	4	3	1	5
2	5	3	1	7	6	4	8	9
4	6	8	9	2	7	5	3	1
5	3	2	6	8	1	7	9	4
9	7	1	4	5	3	2	6	8

Puzzle # 111

8	1	4	2	9	6	7	5	3
2	6	9	7	5	3	1	4	8
5	3	7	8	4	1	2	6	9
6	7	2	9	3	8	4	1	5
9	4	5	1	7	2	3	8	6
1	8	3	4	6	5	9	7	2
4	2	8	6	1	9	5	3	7
3	9	1	5	8	7	6	2	4
7	5	6	3	2	4	8	9	1

Puzzle # 112

7	9	1	6	3	8	4	5	2
5	2	3	4	1	7	9	8	6
4	6	8	2	5	9	1	7	3
6	1	7	3	4	2	8	9	5
2	4	9	1	8	5	6	3	7
3	8	5	9	7	6	2	1	4
9	3	2	7	6	1	5	4	8
8	7	6	5	9	4	3	2	1
1	5	4	8	2	3	7	6	9

Julie Candy

Puzzle # 113

8	1	2	4	7	3	6	5	9
5	9	7	1	6	2	3	4	8
3	4	6	8	5	9	1	2	7
2	5	1	7	8	4	9	3	6
7	3	9	6	2	1	5	8	4
4	6	8	9	3	5	2	7	1
6	7	3	2	9	8	4	1	5
1	8	5	3	4	6	7	9	2
9	2	4	5	1	7	8	6	3

Puzzle # 114

7	1	3	6	8	5	2	4	9
5	4	8	2	9	7	3	1	6
2	6	9	1	4	3	5	8	7
3	7	2	5	1	9	8	6	4
4	8	1	3	2	6	7	9	5
9	5	6	8	7	4	1	2	3
1	3	4	9	5	8	6	7	2
6	2	7	4	3	1	9	5	8
8	9	5	7	6	2	4	3	1

Puzzle # 115

1	8	6	9	5	3	2	7	4
7	9	3	2	1	4	5	8	6
5	4	2	8	7	6	3	1	9
4	6	1	5	2	8	9	3	7
2	3	9	4	6	7	8	5	1
8	7	5	1	3	9	6	4	2
3	1	7	6	9	5	4	2	8
9	2	4	3	8	1	7	6	5
6	5	8	7	4	2	1	9	3

Puzzle # 116

1	8	5	6	4	7	2	3	9
9	7	6	2	3	1	5	8	4
3	4	2	9	8	5	1	7	6
4	1	7	8	5	2	6	9	3
8	5	9	3	1	6	4	2	7
2	6	3	4	7	9	8	5	1
5	2	4	1	9	3	7	6	8
6	3	8	7	2	4	9	1	5
7	9	1	5	6	8	3	4	2

Julie Candy

Puzzle # 117

3	1	4	2	8	5	9	7	6
9	6	8	7	3	1	2	5	4
5	7	2	6	9	4	1	3	8
8	4	1	9	7	3	5	6	2
2	9	5	4	6	8	3	1	7
6	3	7	5	1	2	8	4	9
7	5	6	3	2	9	4	8	1
1	2	3	8	4	6	7	9	5
4	8	9	1	5	7	6	2	3

Puzzle # 118

5	3	9	2	4	6	8	1	7
7	8	4	9	3	1	5	2	6
2	6	1	5	8	7	4	9	3
3	1	8	6	5	9	7	4	2
4	5	7	8	1	2	6	3	9
9	2	6	4	7	3	1	8	5
1	7	5	3	2	8	9	6	4
8	9	2	7	6	4	3	5	1
6	4	3	1	9	5	2	7	8

Puzzle # 119

6	3	2	1	4	5	8	7	9
8	1	5	9	7	6	4	3	2
9	4	7	3	2	8	5	6	1
3	9	6	4	8	7	2	1	5
5	2	4	6	1	9	7	8	3
7	8	1	2	5	3	9	4	6
4	6	9	7	3	2	1	5	8
2	7	8	5	6	1	3	9	4
1	5	3	8	9	4	6	2	7

Puzzle # 120

2	6	1	4	7	8	5	9	3
5	8	4	6	9	3	7	2	1
7	3	9	2	1	5	4	6	8
4	2	7	3	5	1	6	8	9
6	9	8	7	4	2	3	1	5
3	1	5	8	6	9	2	7	4
1	4	6	5	8	7	9	3	2
8	7	3	9	2	4	1	5	6
9	5	2	1	3	6	8	4	7

Julie Candy

Puzzle # 121

6	5	4	7	3	2	8	1	9
3	7	9	8	1	5	4	6	2
8	2	1	4	6	9	3	5	7
4	6	7	9	2	3	1	8	5
9	8	5	6	4	1	2	7	3
2	1	3	5	7	8	6	9	4
1	3	8	2	9	7	5	4	6
5	9	6	3	8	4	7	2	1
7	4	2	1	5	6	9	3	8

Puzzle # 122

3	7	5	6	4	9	8	2	1
1	2	4	3	8	7	5	6	9
9	6	8	1	2	5	3	7	4
5	8	7	2	1	6	4	9	3
2	3	6	9	5	4	7	1	8
4	9	1	8	7	3	6	5	2
6	5	9	4	3	2	1	8	7
7	1	3	5	9	8	2	4	6
8	4	2	7	6	1	9	3	5

Puzzle # 123

6	7	4	9	5	8	3	1	2
3	5	8	2	1	4	6	9	7
1	2	9	6	3	7	5	8	4
7	8	3	1	9	6	4	2	5
5	9	6	4	7	2	1	3	8
4	1	2	5	8	3	9	7	6
2	6	7	3	4	9	8	5	1
8	3	1	7	6	5	2	4	9
9	4	5	8	2	1	7	6	3

Puzzle # 124

2	4	1	3	5	7	8	6	9
7	8	3	9	1	6	2	5	4
9	5	6	8	2	4	7	1	3
3	1	8	6	4	5	9	2	7
5	9	4	7	8	2	6	3	1
6	2	7	1	3	9	4	8	5
4	6	2	5	9	3	1	7	8
8	7	5	4	6	1	3	9	2
1	3	9	2	7	8	5	4	6

Julie Candy

Puzzle # 125

6	3	8	1	5	9	4	2	7
2	1	7	6	4	8	3	5	9
5	4	9	3	7	2	1	6	8
3	7	5	4	8	1	6	9	2
1	2	6	9	3	5	8	7	4
9	8	4	2	6	7	5	3	1
7	5	3	8	9	4	2	1	6
8	6	2	7	1	3	9	4	5
4	9	1	5	2	6	7	8	3

Puzzle # 126

2	3	7	8	9	5	4	1	6
1	6	4	3	7	2	9	5	8
9	8	5	1	4	6	7	3	2
7	1	8	6	5	4	3	2	9
6	5	9	2	3	1	8	7	4
3	4	2	9	8	7	1	6	5
8	9	1	5	6	3	2	4	7
4	2	6	7	1	9	5	8	3
5	7	3	4	2	8	6	9	1

Puzzle # 127

9	7	3	5	4	6	8	1	2
2	8	1	3	9	7	5	6	4
6	4	5	2	8	1	7	9	3
7	3	4	8	6	5	9	2	1
8	2	6	9	1	4	3	7	5
1	5	9	7	2	3	6	4	8
3	1	7	6	5	2	4	8	9
5	9	2	4	7	8	1	3	6
4	6	8	1	3	9	2	5	7

Puzzle # 128

2	5	1	6	7	9	8	4	3
8	9	6	5	3	4	1	2	7
3	7	4	2	8	1	9	6	5
9	6	8	1	4	7	3	5	2
7	1	5	3	6	2	4	8	9
4	2	3	9	5	8	6	7	1
5	8	7	4	1	3	2	9	6
6	3	9	8	2	5	7	1	4
1	4	2	7	9	6	5	3	8

Julie Candy

Puzzle # 129

3	5	4	6	8	2	1	7	9
9	7	8	1	4	5	3	2	6
6	2	1	3	9	7	4	8	5
4	3	2	9	7	6	8	5	1
1	8	9	5	3	4	2	6	7
7	6	5	8	2	1	9	4	3
2	9	3	7	5	8	6	1	4
5	4	6	2	1	9	7	3	8
8	1	7	4	6	3	5	9	2

Puzzle # 130

8	4	3	5	9	7	1	2	6
5	7	9	6	1	2	3	4	8
6	1	2	8	4	3	7	5	9
1	8	7	2	6	4	5	9	3
4	3	6	1	5	9	2	8	7
2	9	5	7	3	8	4	6	1
3	6	1	4	8	5	9	7	2
9	2	4	3	7	6	8	1	5
7	5	8	9	2	1	6	3	4

Puzzle # 131

8	4	7	3	9	1	5	2	6
6	5	9	4	8	2	1	3	7
1	3	2	5	7	6	4	8	9
7	2	1	8	6	4	3	9	5
4	9	6	2	5	3	8	7	1
5	8	3	7	1	9	2	6	4
2	6	8	9	4	5	7	1	3
9	7	4	1	3	8	6	5	2
3	1	5	6	2	7	9	4	8

Puzzle # 132

6	4	5	9	8	2	3	1	7
9	7	3	6	5	1	4	8	2
8	2	1	4	7	3	9	6	5
3	9	4	2	1	5	8	7	6
2	6	8	7	4	9	1	5	3
5	1	7	3	6	8	2	9	4
1	8	2	5	3	7	6	4	9
7	3	6	1	9	4	5	2	8
4	5	9	8	2	6	7	3	1

Julie Candy

Puzzle # 133

9	6	1	2	5	7	3	4	8
5	3	7	8	4	6	1	2	9
2	8	4	1	3	9	7	5	6
1	5	2	9	8	3	4	6	7
8	7	6	5	1	4	9	3	2
3	4	9	7	6	2	8	1	5
6	9	3	4	2	8	5	7	1
4	1	8	6	7	5	2	9	3
7	2	5	3	9	1	6	8	4

Puzzle # 134

4	8	5	2	3	6	9	7	1
1	6	7	8	9	4	5	3	2
3	9	2	7	1	5	4	6	8
2	4	6	5	7	3	1	8	9
5	7	1	6	8	9	3	2	4
9	3	8	4	2	1	6	5	7
7	5	9	1	6	2	8	4	3
6	2	3	9	4	8	7	1	5
8	1	4	3	5	7	2	9	6

Puzzle # 135

1	2	9	6	3	5	4	8	7
7	4	5	2	9	8	6	1	3
6	3	8	1	7	4	2	5	9
8	1	4	7	5	9	3	6	2
9	5	7	3	6	2	1	4	8
2	6	3	4	8	1	7	9	5
5	7	2	9	1	6	8	3	4
4	9	1	8	2	3	5	7	6
3	8	6	5	4	7	9	2	1

Puzzle # 136

4	8	7	3	6	2	9	5	1
6	3	9	7	1	5	4	8	2
5	1	2	9	4	8	7	6	3
2	7	3	8	9	4	6	1	5
9	6	1	5	7	3	2	4	8
8	4	5	6	2	1	3	9	7
7	5	4	2	8	6	1	3	9
1	2	8	4	3	9	5	7	6
3	9	6	1	5	7	8	2	4

Julie Candy

Puzzle # 137

9	3	8	5	6	7	1	2	4
6	4	5	2	8	1	9	3	7
1	2	7	3	9	4	8	6	5
5	8	6	4	2	9	3	7	1
3	1	4	6	7	5	2	8	9
7	9	2	8	1	3	5	4	6
8	5	1	7	4	2	6	9	3
2	7	9	1	3	6	4	5	8
4	6	3	9	5	8	7	1	2

Puzzle # 138

8	2	6	3	5	9	4	7	1
1	4	3	6	7	2	8	5	9
9	5	7	4	1	8	3	2	6
2	6	8	7	4	1	5	9	3
3	7	9	8	2	5	1	6	4
5	1	4	9	3	6	7	8	2
7	3	5	2	9	4	6	1	8
6	9	1	5	8	3	2	4	7
4	8	2	1	6	7	9	3	5

Puzzle # 139

1	3	2	4	5	9	7	6	8
7	8	5	1	6	2	9	3	4
4	6	9	8	7	3	5	1	2
3	9	6	2	1	4	8	7	5
8	7	1	3	9	5	2	4	6
2	5	4	6	8	7	3	9	1
9	2	7	5	4	1	6	8	3
5	4	8	7	3	6	1	2	9
6	1	3	9	2	8	4	5	7

Puzzle # 140

1	4	8	3	9	5	2	6	7
3	7	9	6	2	8	4	1	5
6	2	5	7	4	1	8	3	9
4	1	6	9	3	7	5	8	2
9	8	7	2	5	6	3	4	1
2	5	3	1	8	4	7	9	6
8	6	1	4	7	2	9	5	3
7	9	4	5	6	3	1	2	8
5	3	2	8	1	9	6	7	4

Julie Candy

Puzzle # 141

6	8	5	9	3	7	2	1	4
1	3	4	2	6	8	9	5	7
2	9	7	5	4	1	6	8	3
8	1	2	7	5	9	3	4	6
4	5	3	6	8	2	7	9	1
7	6	9	4	1	3	8	2	5
9	2	1	3	7	4	5	6	8
3	4	6	8	9	5	1	7	2
5	7	8	1	2	6	4	3	9

Puzzle # 142

4	1	3	6	2	7	8	5	9
2	7	9	5	1	8	3	4	6
6	5	8	9	3	4	1	7	2
8	9	6	1	5	3	4	2	7
5	4	1	8	7	2	9	6	3
3	2	7	4	9	6	5	8	1
7	3	4	2	8	1	6	9	5
9	6	2	3	4	5	7	1	8
1	8	5	7	6	9	2	3	4

Puzzle # 143

9	8	4	2	7	1	3	6	5
6	2	7	9	3	5	4	8	1
1	5	3	4	8	6	2	7	9
4	3	8	6	1	2	5	9	7
2	6	5	7	4	9	8	1	3
7	9	1	3	5	8	6	2	4
3	4	6	8	9	7	1	5	2
5	7	2	1	6	3	9	4	8
8	1	9	5	2	4	7	3	6

Puzzle # 144

2	5	3	1	7	9	6	4	8
7	4	9	6	2	8	5	3	1
8	6	1	3	4	5	7	9	2
1	9	7	4	5	6	2	8	3
6	8	2	7	3	1	4	5	9
5	3	4	8	9	2	1	7	6
9	7	6	2	8	4	3	1	5
3	1	5	9	6	7	8	2	4
4	2	8	5	1	3	9	6	7

Julie Candy

Puzzle #   145

9	4	8	1	7	6	3	5	2
7	1	3	9	2	5	6	4	8
6	2	5	8	4	3	9	7	1
8	9	7	3	5	4	2	1	6
4	3	2	7	6	1	8	9	5
1	5	6	2	8	9	4	3	7
3	7	1	6	9	2	5	8	4
5	6	9	4	1	8	7	2	3
2	8	4	5	3	7	1	6	9

Puzzle #   146

2	1	5	4	7	9	6	8	3
7	9	8	6	3	5	2	1	4
3	4	6	1	2	8	7	9	5
8	7	2	3	5	4	1	6	9
1	6	3	9	8	2	5	4	7
4	5	9	7	1	6	8	3	2
9	2	1	5	6	3	4	7	8
5	3	7	8	4	1	9	2	6
6	8	4	2	9	7	3	5	1

Puzzle #   147

6	2	5	9	1	8	4	7	3
9	1	8	3	4	7	2	5	6
4	3	7	6	5	2	8	1	9
7	8	1	4	6	3	5	9	2
2	6	9	1	7	5	3	4	8
3	5	4	2	8	9	1	6	7
1	9	3	5	2	6	7	8	4
8	4	6	7	3	1	9	2	5
5	7	2	8	9	4	6	3	1

Puzzle #   148

8	1	7	5	2	4	3	6	9
4	9	6	3	1	7	2	5	8
3	2	5	8	6	9	1	7	4
1	5	3	7	8	6	9	4	2
6	4	2	9	5	3	8	1	7
7	8	9	1	4	2	6	3	5
2	3	4	6	7	8	5	9	1
9	7	1	2	3	5	4	8	6
5	6	8	4	9	1	7	2	3

Puzzle # 149

1	7	8	4	5	9	2	6	3
9	2	5	3	6	7	4	1	8
4	6	3	2	1	8	5	7	9
6	3	7	5	8	4	9	2	1
2	8	9	1	3	6	7	4	5
5	4	1	7	9	2	3	8	6
8	9	4	6	7	3	1	5	2
7	1	6	9	2	5	8	3	4
3	5	2	8	4	1	6	9	7

Puzzle # 150

1	5	6	3	9	2	7	8	4
3	4	7	5	6	8	9	1	2
2	8	9	1	7	4	6	5	3
4	6	3	8	2	5	1	9	7
7	2	8	9	4	1	3	6	5
9	1	5	6	3	7	4	2	8
8	7	4	2	1	9	5	3	6
6	9	2	7	5	3	8	4	1
5	3	1	4	8	6	2	7	9

Puzzle # 151

1	6	8	2	9	5	7	4	3
5	7	2	3	4	1	8	6	9
3	4	9	6	7	8	2	1	5
7	8	4	9	6	3	1	5	2
6	3	1	5	2	4	9	7	8
2	9	5	1	8	7	6	3	4
8	2	3	4	1	6	5	9	7
4	1	7	8	5	9	3	2	6
9	5	6	7	3	2	4	8	1

Puzzle # 152

9	3	8	7	4	6	2	5	1
2	4	6	1	9	5	7	3	8
1	5	7	3	8	2	9	4	6
3	8	1	2	7	9	5	6	4
4	6	2	5	3	1	8	7	9
7	9	5	4	6	8	3	1	2
6	1	3	9	2	7	4	8	5
5	7	9	8	1	4	6	2	3
8	2	4	6	5	3	1	9	7

Julie Candy

Puzzle # 153

8	5	3	7	6	9	1	2	4
1	6	2	4	8	3	7	9	5
7	4	9	1	5	2	8	6	3
9	3	1	8	2	4	6	5	7
2	7	4	5	1	6	3	8	9
5	8	6	9	3	7	4	1	2
3	9	8	6	7	5	2	4	1
4	1	7	2	9	8	5	3	6
6	2	5	3	4	1	9	7	8

Puzzle # 154

4	6	9	8	1	7	5	2	3
3	7	1	9	5	2	8	4	6
8	5	2	3	6	4	9	1	7
7	8	5	2	4	9	6	3	1
2	9	3	6	7	1	4	5	8
6	1	4	5	8	3	7	9	2
1	2	8	4	9	6	3	7	5
9	3	6	7	2	5	1	8	4
5	4	7	1	3	8	2	6	9

Puzzle # 155

9	3	6	8	1	4	7	2	5
1	8	4	2	7	5	9	6	3
2	7	5	3	9	6	1	4	8
6	4	9	7	5	3	8	1	2
8	1	3	9	4	2	6	5	7
7	5	2	1	6	8	4	3	9
3	6	1	5	8	7	2	9	4
5	9	8	4	2	1	3	7	6
4	2	7	6	3	9	5	8	1

Puzzle # 156

2	9	5	7	6	4	8	1	3
8	7	6	2	1	3	5	9	4
3	4	1	5	9	8	6	2	7
1	5	7	3	4	6	2	8	9
9	2	3	8	7	1	4	5	6
6	8	4	9	5	2	3	7	1
4	6	8	1	2	7	9	3	5
7	3	9	6	8	5	1	4	2
5	1	2	4	3	9	7	6	8

Julie Candy

Puzzle # 157

6	9	4	3	8	5	2	1	7
5	3	1	2	7	9	6	8	4
2	7	8	1	6	4	9	3	5
8	4	3	6	2	7	1	5	9
1	2	6	9	5	8	4	7	3
9	5	7	4	1	3	8	6	2
3	1	2	5	9	6	7	4	8
4	8	9	7	3	1	5	2	6
7	6	5	8	4	2	3	9	1

Puzzle # 158

3	1	5	2	6	4	8	9	7
6	8	4	7	1	9	5	2	3
2	9	7	8	5	3	1	6	4
4	3	6	5	9	8	7	1	2
8	5	1	4	2	7	9	3	6
9	7	2	6	3	1	4	5	8
5	4	9	3	8	6	2	7	1
1	6	8	9	7	2	3	4	5
7	2	3	1	4	5	6	8	9

Puzzle # 159

9	7	4	5	2	3	8	6	1
6	2	5	8	1	4	3	9	7
8	3	1	9	6	7	4	5	2
3	6	7	1	9	5	2	8	4
5	4	8	2	7	6	9	1	3
1	9	2	4	3	8	5	7	6
2	8	9	6	4	1	7	3	5
7	5	6	3	8	2	1	4	9
4	1	3	7	5	9	6	2	8

Puzzle # 160

6	5	9	4	3	8	1	2	7
1	4	8	7	5	2	3	9	6
7	3	2	9	6	1	4	5	8
2	9	6	1	7	3	5	8	4
3	1	5	6	8	4	9	7	2
4	8	7	5	2	9	6	1	3
8	6	3	2	9	5	7	4	1
9	2	4	3	1	7	8	6	5
5	7	1	8	4	6	2	3	9

Julie Candy

Puzzle # 161

1	9	5	7	8	4	6	3	2
3	8	6	2	1	9	7	5	4
2	7	4	3	6	5	8	1	9
5	3	7	4	2	6	9	8	1
4	1	9	8	3	7	2	6	5
8	6	2	9	5	1	4	7	3
7	2	1	6	4	3	5	9	8
6	5	8	1	9	2	3	4	7
9	4	3	5	7	8	1	2	6

Puzzle # 162

9	1	5	4	7	8	2	6	3
2	6	7	1	5	3	9	8	4
3	4	8	9	6	2	7	5	1
6	9	4	3	2	5	8	1	7
7	8	1	6	4	9	5	3	2
5	2	3	8	1	7	4	9	6
1	7	9	5	3	4	6	2	8
8	3	2	7	9	6	1	4	5
4	5	6	2	8	1	3	7	9

Puzzle # 163

2	7	1	6	4	9	5	8	3
5	8	6	3	2	7	4	1	9
3	9	4	1	8	5	6	2	7
6	5	8	7	9	1	2	3	4
7	3	2	4	5	6	8	9	1
1	4	9	8	3	2	7	5	6
8	6	7	5	1	3	9	4	2
9	1	5	2	7	4	3	6	8
4	2	3	9	6	8	1	7	5

Puzzle # 164

4	3	8	2	6	9	7	1	5
6	5	7	3	8	1	4	9	2
2	1	9	5	7	4	8	6	3
9	2	4	1	3	5	6	7	8
3	7	5	8	9	6	1	2	4
8	6	1	7	4	2	5	3	9
5	9	3	4	1	7	2	8	6
1	8	2	6	5	3	9	4	7
7	4	6	9	2	8	3	5	1

Julie Candy

Puzzle # 165

6	1	5	2	7	3	8	4	9
4	9	3	6	5	8	7	2	1
8	7	2	9	4	1	6	5	3
2	4	9	5	8	6	1	3	7
7	3	1	4	9	2	5	6	8
5	6	8	1	3	7	2	9	4
1	8	6	3	2	4	9	7	5
3	5	7	8	6	9	4	1	2
9	2	4	7	1	5	3	8	6

Puzzle # 166

3	6	2	1	4	8	7	9	5
9	5	1	2	3	7	4	8	6
8	4	7	5	6	9	3	1	2
4	2	3	8	5	1	9	6	7
5	1	9	4	7	6	2	3	8
6	7	8	3	9	2	5	4	1
1	8	5	9	2	4	6	7	3
2	9	6	7	1	3	8	5	4
7	3	4	6	8	5	1	2	9

Puzzle # 167

9	1	7	8	2	5	3	4	6
3	4	8	7	9	6	2	5	1
2	6	5	4	3	1	8	9	7
5	2	4	1	8	3	6	7	9
6	3	9	2	5	7	1	8	4
7	8	1	9	6	4	5	3	2
1	5	6	3	4	9	7	2	8
8	9	3	6	7	2	4	1	5
4	7	2	5	1	8	9	6	3

Puzzle # 168

8	1	7	2	6	5	3	9	4
2	3	6	4	8	9	1	7	5
4	9	5	3	7	1	8	6	2
1	7	3	8	5	6	2	4	9
5	6	2	1	9	4	7	8	3
9	4	8	7	3	2	5	1	6
6	5	1	9	2	7	4	3	8
7	8	9	5	4	3	6	2	1
3	2	4	6	1	8	9	5	7

Julie Candy

Puzzle # 169

1	2	3	8	5	6	7	9	4
7	5	8	3	9	4	2	6	1
4	9	6	1	7	2	8	3	5
5	3	4	2	6	8	9	1	7
2	6	9	5	1	7	3	4	8
8	7	1	4	3	9	5	2	6
9	8	2	6	4	5	1	7	3
6	1	7	9	8	3	4	5	2
3	4	5	7	2	1	6	8	9

Puzzle # 170

8	6	3	5	9	2	4	1	7
9	4	2	6	1	7	3	8	5
5	7	1	8	4	3	2	6	9
2	5	7	4	8	6	9	3	1
1	8	4	7	3	9	6	5	2
6	3	9	2	5	1	8	7	4
4	9	8	3	7	5	1	2	6
3	2	5	1	6	4	7	9	8
7	1	6	9	2	8	5	4	3

Puzzle # 171

5	9	6	2	3	1	7	8	4
3	7	8	4	6	9	5	2	1
1	4	2	7	5	8	3	9	6
4	8	3	5	7	6	2	1	9
2	1	7	9	8	3	4	6	5
9	6	5	1	4	2	8	3	7
6	5	9	8	2	7	1	4	3
7	2	1	3	9	4	6	5	8
8	3	4	6	1	5	9	7	2

Puzzle # 172

4	1	2	6	3	5	7	8	9
6	5	9	7	8	2	4	3	1
8	3	7	9	4	1	5	2	6
7	8	1	5	6	4	3	9	2
2	6	3	8	7	9	1	5	4
9	4	5	1	2	3	6	7	8
1	7	4	3	9	8	2	6	5
5	9	6	2	1	7	8	4	3
3	2	8	4	5	6	9	1	7

Puzzle # 173

1	7	9	3	4	2	5	6	8
5	2	4	8	1	6	9	7	3
8	3	6	7	5	9	2	4	1
7	8	3	5	2	4	6	1	9
9	6	5	1	8	7	3	2	4
2	4	1	9	6	3	8	5	7
6	9	7	4	3	5	1	8	2
4	5	8	2	9	1	7	3	6
3	1	2	6	7	8	4	9	5

Puzzle # 174

2	8	1	9	3	5	4	7	6
6	4	3	2	7	1	9	5	8
7	9	5	8	6	4	3	2	1
5	2	6	1	4	3	8	9	7
1	7	9	5	2	8	6	4	3
4	3	8	6	9	7	5	1	2
3	5	2	7	8	9	1	6	4
8	1	7	4	5	6	2	3	9
9	6	4	3	1	2	7	8	5

Puzzle # 175

1	5	3	2	7	9	4	6	8
6	9	4	8	1	5	7	3	2
8	7	2	6	4	3	5	9	1
2	8	5	7	9	6	1	4	3
3	1	7	5	2	4	6	8	9
4	6	9	1	3	8	2	7	5
9	2	6	3	5	7	8	1	4
7	4	1	9	8	2	3	5	6
5	3	8	4	6	1	9	2	7

Puzzle # 176

7	6	1	4	2	3	9	5	8
8	3	5	9	6	1	7	4	2
9	2	4	8	7	5	1	3	6
1	5	2	7	4	9	6	8	3
3	8	6	1	5	2	4	7	9
4	7	9	3	8	6	2	1	5
6	4	3	2	1	8	5	9	7
2	1	8	5	9	7	3	6	4
5	9	7	6	3	4	8	2	1

Julie Candy

Puzzle # 177

9	2	4	6	1	3	7	8	5
6	8	3	7	2	5	9	4	1
1	7	5	8	4	9	2	3	6
8	1	6	5	3	7	4	2	9
2	4	9	1	8	6	5	7	3
3	5	7	4	9	2	6	1	8
5	3	1	2	6	4	8	9	7
4	6	8	9	7	1	3	5	2
7	9	2	3	5	8	1	6	4

Puzzle # 178

2	8	4	6	3	9	1	7	5
9	7	1	5	8	4	2	3	6
3	6	5	2	1	7	8	4	9
5	4	6	9	7	8	3	1	2
7	9	3	4	2	1	6	5	8
8	1	2	3	5	6	4	9	7
1	3	7	8	6	5	9	2	4
4	5	8	1	9	2	7	6	3
6	2	9	7	4	3	5	8	1

Puzzle # 179

2	5	8	6	1	3	4	7	9
3	1	4	9	7	2	6	5	8
7	9	6	4	8	5	1	3	2
4	8	7	5	2	9	3	1	6
9	2	3	7	6	1	5	8	4
1	6	5	8	3	4	2	9	7
5	7	2	3	9	6	8	4	1
8	4	1	2	5	7	9	6	3
6	3	9	1	4	8	7	2	5

Puzzle # 180

5	9	6	2	4	7	8	1	3
1	8	2	9	6	3	5	4	7
4	3	7	5	8	1	6	2	9
8	2	4	1	7	9	3	6	5
3	6	1	4	5	8	9	7	2
7	5	9	3	2	6	4	8	1
6	1	5	7	3	4	2	9	8
2	7	8	6	9	5	1	3	4
9	4	3	8	1	2	7	5	6

Julie Candy

Puzzle # 181

2	8	5	7	6	1	3	9	4
4	1	3	8	2	9	6	5	7
7	9	6	5	3	4	8	2	1
6	4	2	1	5	3	7	8	9
9	5	8	2	4	7	1	3	6
3	7	1	9	8	6	5	4	2
8	6	4	3	7	2	9	1	5
1	3	7	4	9	5	2	6	8
5	2	9	6	1	8	4	7	3

Puzzle # 182

2	6	7	8	3	1	5	4	9
3	5	1	7	4	9	8	2	6
9	4	8	2	5	6	7	3	1
7	8	2	9	6	4	3	1	5
4	1	6	3	7	5	9	8	2
5	3	9	1	2	8	6	7	4
1	9	4	5	8	7	2	6	3
8	2	5	6	1	3	4	9	7
6	7	3	4	9	2	1	5	8

Puzzle # 183

2	4	3	9	5	1	7	6	8
1	9	5	6	7	8	3	2	4
8	6	7	2	3	4	1	9	5
7	5	9	8	1	6	2	4	3
3	2	1	7	4	9	8	5	6
6	8	4	3	2	5	9	7	1
9	3	6	5	8	2	4	1	7
5	1	8	4	9	7	6	3	2
4	7	2	1	6	3	5	8	9

Puzzle # 184

6	5	8	9	3	1	4	7	2
1	2	7	8	5	4	3	6	9
3	4	9	7	2	6	5	1	8
2	6	1	5	4	8	7	9	3
7	8	5	3	6	9	2	4	1
9	3	4	2	1	7	6	8	5
5	9	6	1	7	2	8	3	4
8	7	3	4	9	5	1	2	6
4	1	2	6	8	3	9	5	7

Julie Candy

Puzzle # 185

2	8	4	5	1	6	9	3	7
9	6	1	7	3	2	8	4	5
5	7	3	4	9	8	6	2	1
6	5	2	3	4	7	1	8	9
8	4	9	2	6	1	5	7	3
3	1	7	9	8	5	2	6	4
7	9	6	1	2	3	4	5	8
1	3	8	6	5	4	7	9	2
4	2	5	8	7	9	3	1	6

Puzzle # 186

2	6	8	3	5	4	1	7	9
1	9	5	2	8	7	3	6	4
7	3	4	1	9	6	2	5	8
5	4	6	8	1	9	7	2	3
8	2	1	7	4	3	5	9	6
3	7	9	6	2	5	8	4	1
6	1	7	4	3	2	9	8	5
4	5	3	9	7	8	6	1	2
9	8	2	5	6	1	4	3	7

Puzzle # 187

2	5	8	1	6	7	3	4	9
7	9	1	4	3	2	6	5	8
6	3	4	5	8	9	1	7	2
3	6	5	9	7	4	8	2	1
4	8	7	2	1	6	5	9	3
9	1	2	3	5	8	7	6	4
8	4	3	6	9	5	2	1	7
1	2	6	7	4	3	9	8	5
5	7	9	8	2	1	4	3	6

Puzzle # 188

1	9	5	7	8	6	4	2	3
2	4	8	5	3	9	7	6	1
3	7	6	1	4	2	8	5	9
5	2	9	4	7	3	1	8	6
4	3	7	6	1	8	2	9	5
6	8	1	9	2	5	3	7	4
7	5	3	2	9	4	6	1	8
9	1	4	8	6	7	5	3	2
8	6	2	3	5	1	9	4	7

Puzzle # 189

1	5	9	4	2	7	6	3	8
8	4	3	5	1	6	9	2	7
7	6	2	3	8	9	5	4	1
3	2	8	1	7	5	4	9	6
6	1	5	8	9	4	3	7	2
4	9	7	2	6	3	1	8	5
5	7	4	6	3	8	2	1	9
2	8	6	9	4	1	7	5	3
9	3	1	7	5	2	8	6	4

Puzzle # 190

3	1	5	9	7	2	4	8	6
9	2	8	1	4	6	3	5	7
6	4	7	3	8	5	9	2	1
4	5	2	6	9	8	1	7	3
1	6	9	7	5	3	2	4	8
8	7	3	2	1	4	5	6	9
2	8	1	5	6	9	7	3	4
5	9	6	4	3	7	8	1	2
7	3	4	8	2	1	6	9	5

Puzzle # 191

8	3	4	6	1	5	7	9	2
5	7	1	8	2	9	3	4	6
9	2	6	4	7	3	1	8	5
4	8	7	5	9	1	2	6	3
3	1	5	2	8	6	4	7	9
2	6	9	3	4	7	8	5	1
1	5	8	7	6	2	9	3	4
7	9	3	1	5	4	6	2	8
6	4	2	9	3	8	5	1	7

Puzzle # 192

6	4	7	2	1	8	3	5	9
8	1	9	3	7	5	2	6	4
5	3	2	9	4	6	8	7	1
3	5	8	4	6	2	9	1	7
2	7	6	5	9	1	4	8	3
4	9	1	7	8	3	5	2	6
7	8	3	6	2	9	1	4	5
9	2	4	1	5	7	6	3	8
1	6	5	8	3	4	7	9	2

Julie Candy

Puzzle # 193

7	8	2	5	3	9	6	4	1
3	5	9	6	4	1	8	2	7
4	6	1	7	8	2	5	9	3
6	1	7	2	5	8	4	3	9
8	2	3	4	9	7	1	6	5
9	4	5	3	1	6	7	8	2
2	7	4	9	6	5	3	1	8
5	3	8	1	2	4	9	7	6
1	9	6	8	7	3	2	5	4

Puzzle # 194

8	9	3	5	6	7	2	4	1
6	4	2	8	3	1	5	9	7
7	5	1	2	9	4	6	3	8
2	1	6	4	7	3	9	8	5
5	3	7	9	8	2	4	1	6
9	8	4	6	1	5	3	7	2
1	6	5	7	4	9	8	2	3
3	2	9	1	5	8	7	6	4
4	7	8	3	2	6	1	5	9

Puzzle # 195

6	8	1	7	4	5	9	3	2
7	9	5	2	8	3	4	6	1
2	3	4	6	9	1	7	5	8
5	1	6	9	2	4	3	8	7
3	4	8	1	5	7	2	9	6
9	7	2	3	6	8	5	1	4
1	2	9	4	3	6	8	7	5
4	5	7	8	1	9	6	2	3
8	6	3	5	7	2	1	4	9

Puzzle # 196

4	6	5	9	3	8	7	2	1
9	7	8	2	6	1	3	5	4
2	1	3	5	7	4	9	8	6
1	8	9	4	2	6	5	3	7
3	2	7	1	8	5	6	4	9
5	4	6	3	9	7	2	1	8
7	5	4	6	1	3	8	9	2
8	9	1	7	5	2	4	6	3
6	3	2	8	4	9	1	7	5

Puzzle # 197

3	8	4	5	7	2	1	9	6
6	1	9	3	4	8	7	2	5
2	7	5	9	6	1	4	8	3
4	6	2	7	8	9	3	5	1
9	5	7	1	3	6	8	4	2
1	3	8	2	5	4	9	6	7
7	4	6	8	2	3	5	1	9
5	2	1	4	9	7	6	3	8
8	9	3	6	1	5	2	7	4

Puzzle # 198

8	4	2	3	1	5	9	6	7
9	6	1	2	8	7	4	3	5
7	5	3	4	6	9	1	8	2
1	2	5	8	4	6	3	7	9
3	8	9	5	7	1	6	2	4
6	7	4	9	2	3	5	1	8
5	3	7	6	9	8	2	4	1
2	9	8	1	3	4	7	5	6
4	1	6	7	5	2	8	9	3

Puzzle # 199

2	9	8	6	3	5	1	4	7
4	1	3	2	9	7	5	6	8
6	5	7	1	8	4	9	3	2
9	3	2	5	4	8	7	1	6
7	6	5	9	1	2	4	8	3
1	8	4	7	6	3	2	9	5
8	2	9	4	7	6	3	5	1
5	4	6	3	2	1	8	7	9
3	7	1	8	5	9	6	2	4

Puzzle # 200

8	9	4	7	3	2	5	6	1
3	5	2	1	8	6	9	4	7
1	6	7	4	5	9	3	8	2
9	4	3	6	7	1	2	5	8
7	2	5	3	9	8	4	1	6
6	8	1	5	2	4	7	9	3
2	1	8	9	4	7	6	3	5
4	3	6	2	1	5	8	7	9
5	7	9	8	6	3	1	2	4

www.ingramcontent.com/pod-product-compliance
Lightning Source LLC
Chambersburg PA
CBHW060410220526
45465CB00008B/2835